高等职业教育"十二五"规划教材

应用数学基础（理工类）训练教程

邢春峰　主编

李林杉　王海菊　副主编

人民邮电出版社

北 京

图书在版编目（CIP）数据

应用数学基础（理工类）训练教程 / 邢春峰主编
. -- 北京：人民邮电出版社，2011.9
高等职业教育"十二五"规划教材
ISBN 978-7-115-25571-6

Ⅰ．①应… Ⅱ．①邢… Ⅲ．①应用数学－高等职业教
育－习题集 Ⅳ．①O29-44

中国版本图书馆CIP数据核字（2011）第100405号

内 容 提 要

本书是高等职业教育"十二五"规划教材《应用数学基础（理工类）》的配套辅导教材。本书以高等数学的基本概念与基本方法为训练重点，特别关注数学的思想方法及用数学解决实际问题的能力的训练。按内容顺序分为 8 章，每章由基本知识导学、例题解析、基础知识试题及答案和能力提高试题及答案 4 部分组成。

本教材适用于各类高职高专院校（两年制或）三年制（少学时）电子信息类、工程类等各专业，也可供专升本及相关人员参考。

高等职业教育"十二五"规划教材

应用数学基础（理工类）训练教程

◆ 主　　编　邢春峰
　　副 主 编　李林杉　王海菊
　　责任编辑　丁金炎
　　执行编辑　洪　婕

◆ 人民邮电出版社出版发行　　北京市崇文区夕照寺街 14 号
　　邮编　100061　　电子邮件　315@ptpress.com.cn
　　网址　http://www.ptpress.com.cn
　　北京隆昌伟业印刷有限公司印刷

◆ 开本：787×1092　1/16
　　印张：9.75
　　字数：240 千字　　　　　　　2011 年 9 月第 1 版
　　印数：1 – 3 000 册　　　　　2011 年 9 月北京第 1 次印刷

ISBN 978-7-115-25571-6

定价：20.00 元

读者服务热线：(010)67132746　印装质量热线：(010)67129223
反盗版热线：(010)67171154

当前，我国高等职业教育成为社会关注的热点，面临大好的发展机遇。同时，国家的经济、科技和社会发展也对高等职业教育人才的培养提出了更高要求。而高等数学是高等职业院校各专业必修的一门重要的基础课，它对培养、提高学生的思维素质、创新能力、科学精神以及用数学解决实际问题的能力都有着非常重要的作用。

本书是高等职业教育"十二五"规划教材《应用数学基础（理工类）》的配套辅导教材。本书以高等数学的基本概念与基本方法为训练重点，特别关注数学的思想方法及用数学解决实际问题的能力的训练。按内容顺序分为 8 章，每章由基本知识导学、例题解析、基础知识试题及答案和能力提高试题及答案 4 部分组成：

（1）基本知识导学：将每章的知识点详细列出，使零散繁杂的内容作为有机整体呈现，具有全面、简捷、明了的特点，使读者对应用数学的主干内容得以系统了解，有助于知识的融会贯通，有规律、有条理地理解和记忆，便于应用；

（2）例题讲解：以问答形式将每章的重点和难点问题提出并给予解答，有理论、有实例；

（3）基础知识试题及答案：将各章基础知识反映在测试题中，检测读者对基础知识的理解和掌握程度，以灵活多样的题型帮助读者复习基础知识；

（4）能力提高试题及答案：编选的题目具有典型性、代表性，读者通过这部分练习和对试题精解的学习，可以得到基本解题技巧和进行各章知识综合运用能力的训练。

本书针对当前高职学生普遍存在的数学基础差、课程难学、规律难循、习题难做等问题，对主教材《应用数学基础》的前 8 章，从学习内容、学习方法到习题解答都进行了系统地、科学地辅导，特别注意培养学生自学能力和运用数学知识解决实际问题的能力。同时也为主教材地习题课提供了充实的资料和素材，大大方便了教师的备课及学生的学习。

本书由邢春峰担任主编，李林杉、王海菊担任副主编。参加本书编写的还有：袁安锋、张耘、顾英、戈西元、崔菊连、陈艳燕、王笛。

限于编者水平，且对高等职业教育数学课程和教学内容的改革还需深入，本书中的不当之处，恳请同行教师和读者不吝赐教，批评指正。

编者

2010 年 12 月

Contents

第1章 函数极限与连续

【基本知识导学】

一、函数

1. 函数的概念
函数、分段函数、反函数、复合函数、基本初等函数、初等函数。

2. 函数的简单性质
（1）单调性：设函数 $y = f(x)$ 在区间 I 内有定义，对于区间 I 内的任意两点 x_1, x_2，当 $x_1 < x_2$ 时，有 $f(x_1) < f(x_2)$ [或 $f(x_1) > f(x_2)$]，则称函数 $f(x)$ 在区间 I 内单调增加（或单调减少）。

（2）奇偶性：设函数 $y = f(x)$ 在关于原点对称的区间 I 内有定义，若对于任意的 $x \in I$，恒有 $f(-x) = f(x)$ [或 $f(-x) = -f(x)$]，则称 $y = f(x)$ 为偶函数（或奇函数）。

（3）周期性：设函数 $y = f(x)$ 在区间 I 内有定义，如果存在一个不为零的实数 T，对于任意的 $x \in I$，有 $(x+T) \in I$，且恒有 $f(x+T) = f(x)$，则称 $y = f(x)$ 是周期函数。T 称为周期。

（4）有界性：设函数 $y = f(x)$ 在区间 I 内有定义，如果存在一个正数 M，对于任意的 $x \in I$，恒有 $|f(x)| \leqslant M$，则称 $f(x)$ 在 I 上有界。否则无界。

二、极限

1. 基本概念
数列极限，函数极限，函数在点 x_0 处的左、右极限

2. 性质与结论
（1）$\lim\limits_{x \to x_0} f(x) = A \Leftrightarrow \lim\limits_{x \to x_0^+} f(x) = \lim\limits_{x \to x_0^-} f(x) = A$。

（2）极限的四则运算法则（略）。

（3）几个常用的重要极限

$$\lim_{x \to 0} \frac{\sin x}{x} = 1 , \quad \lim_{x \to 0} \frac{x}{\sin x} = 1 , \quad \lim_{x \to 0} \frac{\tan x}{x} = 1 ,$$

$$\lim_{x \to \infty} \left(1 + \frac{1}{x}\right)^x = e , \quad \lim_{x \to 0} (1+x)^{\frac{1}{x}} = e , \quad \lim_{n \to +\infty} \left(1 + \frac{1}{n}\right)^n = e 。$$

三、函数的连续性

1. 函数连续的概念
（1）$f(x)$ 在点 $x = x_0$ 连续的概念

若函数 $f(x)$ 满足①在点 $x = x_0$ 有定义；② $\lim\limits_{x \to x_0} f(x)$ 存在；③ $\lim\limits_{x \to x_0} f(x) = f(x_0)$。则称函数 $f(x)$ 在 $x = x_0$ 点连续。

（2） $f(x)$ 在点 $x = x_0$ 左、右连续

若函数 $f(x)$ 在 $x = x_0$ 点有定义且 $\lim\limits_{x \to x_0^+} f(x) = f(x_0)$，则称 $f(x)$ 在 $x = x_0$ 点右连续；若函数 $f(x)$ 在 $x = x_0$ 点有定义且 $\lim\limits_{x \to x_0^-} f(x) = f(x_0)$，则称 $f(x)$ 在 $x = x_0$ 点左连续。

（3） $f(x)$ 在闭区间 $[a,b]$ 上连续的概念

函数 $f(x)$ 在开区间 (a,b) 内每一点处连续，且在 $x = a$ 处右连续，在 $x = b$ 处左连续。

（4）函数 $f(x)$ 的间断点

若 $f(x)$ 不满足①在点 $x = x_0$ 有定义；② $\lim\limits_{x \to x_0} f(x)$ 存在；③ $\lim\limits_{x \to x_0} f(x) = f(x_0)$ 中任意一条，则称函数 $f(x)$ 在 $x = x_0$ 处间断，称 $x = x_0$ 为 $f(x)$ 的间断点。

2．连续函数的相关结论

（1）若 $\lim\limits_{x \to c} g(x) = L$，且 $f(u)$ 在 $u = L$ 处连续，则 $\lim\limits_{x \to c} f[g(x)] = f[\lim\limits_{x \to c} g(x)] = f(L)$。

（2）基本初等函数在其定义域内连续，初等函数在其定义区间内连续。

（3）闭区间上连续的函数在该区间上一定有最大值与最小值；一定取得介于最大值和最小值之间的任何值。

（4）（零点定理）若函数 $y = f(x)$ 在区间 $[a,b]$ 上连续，且 $f(a)f(b) < 0$，则其在 (a,b) 区间上至少存在一个 ξ，使 $f(\xi) = 0$。

3．二分法的原理

将区间 $[a,b]$ 逐次取半，利用零点定理判断根所在的区间，从而得到一系列有根区间

$$[a,b] \supset [a_1, b_1] \supset [a_2, b_2] \supset \cdots \supset [a_k, b_k] \supset \cdots$$

其中每个区间都是前一个区间的一半，如果二分无限地继续下去，这些有根区间最终必收缩于一点 x^*，该点显然就是所求的根。

在实际计算时，计算结果允许带有一定的误差。由于 $\left| x^* - x_k \right| \leqslant \dfrac{1}{2}(b_k - a_k) = \dfrac{1}{2^{k+1}}(b - a)$

只要二分足够多次（即 k 充分大），便有 $\left| x^* - x_k \right| < \varepsilon$，这里 ε 为预精度。这种求根方法就称为二分法。它是电子计算机上一种常用算法。

【例题解析】

【例1】求函数 $f(x) = \sqrt{x^2 + 2x - 3} + \lg(9 - x^2) + \dfrac{1}{x-2}$ 的定义域。

分析：自变量的所有的取值范围称为函数的定义域，它需要遵循下列原则：分式的分母不为零；开偶次方根号下的表达式必须大于或等于零；对数的真数必须大于零等。

解：要使函数有意义，应有

$$\begin{cases} x^2 + 2x - 3 \geqslant 0 \\ 9 - x^2 > 0 \\ x - 2 \neq 0 \end{cases} \Rightarrow \begin{cases} x \geqslant 1 \text{ 或 } x \leqslant -3 \\ -3 < x < 3 \\ x \neq 2 \end{cases} \Rightarrow 1 \leqslant x < 2，2 < x < 3，$$

所以，函数的定义域为 $[1,2) \cup (2,3)$。

【类题】求函数 $f(x) = \dfrac{1}{\sqrt{x-1}} + \ln(2-x)$ 的定义域。

答案：$(1,2)$。

【小结】求函数的定义域，需要遵循下列原则：

① 分式的分母不为零；

② 开偶次方根号下的表达式必须大于或等于零；

③ 对数的真数必须大于零；

④ $\arcsin f(x)$, $\arccos f(x)$ 中的 $|f(x)| \leqslant 1$。

【例 2】下列各对函数表示的是同一个函数的是（　　）。

A. $f(x) = \dfrac{|x|}{x}$，$g(x) = 1$　　　　　　　B. $f(x) = \dfrac{x^2-1}{x-1}$，$g(x) = x+1$

C. $f(x) = |x|$，$g(x) = \sqrt{x^2}$　　　　　　　D. $f(x) = \ln x^2$，$g(x) = 2\ln x$

分析：函数的定义域和对应法则是函数定义的两个基本因素。如果两个函数具有相同的定义域和对应法则，那么它们就是同一个函数。

解：A 选项，当 $x > 0$ 时，$f(x) = \dfrac{x}{x} = 1$，当 $x < 0$ 时，$f(x) = \dfrac{-x}{x} = -1$，显然与 $g(x) = 1$ 的不同；B 选项，两者的定义域不同，因为 $f(x) = \dfrac{x^2-1}{x-1}$ 的定义域是 $(-\infty, 1) \cup (1, +\infty)$，而 $g(x) = x+1$ 的定义域是 $(-\infty, +\infty)$；C 选项，$f(x) = |x|$，$g(x) = \sqrt{x^2} = |x|$，定义域和对应法则都相同，故为同一个函数；D 选项，$f(x) = \ln x^2$ 的定义域是 $(-\infty, 0) \cup (0, +\infty)$，$g(x) = 2\ln x$ 的定义域是 $(0, +\infty)$。

故答案是 C。

【类题】下列各对函数表示的是同一个函数的是（　　）。

A. $f(x) = \sqrt[3]{x^3}$，$g(x) = x$　　　　　　　B. $f(x) = \mathrm{e}^x$，$g(x) = \mathrm{e}^{|x|}$

C. $f(x) = \sin x$，$g(x) = \sqrt{1 - \cos^2 x}$　　　D. $f(x) = \dfrac{x}{x}$，$g(x) = 1$

答案：A。

【例 3】设函数 $f(x) = \begin{cases} \dfrac{1}{x} & ,x \leqslant 0 \\ 1-x^2, & 0 < x \leqslant 1 \\ -1 & ,1 < x \leqslant 4 \end{cases}$，求

① 函数的定义域；

② $f(-1)$，$f\left(\dfrac{1}{2}\right)$，$f(1)$，$f(3)$。

分析：分段函数的定义域为函数自变量的所有可能取值。

解：① 函数的定义域应为

$\{x \mid x \leqslant 0\} \cup \{x \mid 0 < x \leqslant 1\} \cup \{x \mid 1 < x \leqslant 4\}$，即 $(-\infty, 4]$；

② 当 $x = -1$ 时，条件 $x \leqslant 0$ 成立，按表达式 $\dfrac{1}{x}$ 计算，从而 $f(-1) = \dfrac{1}{-1} = -1$；当 $x = \dfrac{1}{2}$ 时，

条件 $0 < x \le 1$ 成立，按表达式 $1 - x^2$ 计算，有 $f(\frac{1}{2}) = 1 - (\frac{1}{2})^2 = \frac{3}{4}$ ；当 $x = 1$ 时，仍有条件 $0 < x \le 1$ 成立，仍按表达式 $1 - x^2$ 计算有 $f(1) = 1 - 1^2 = 0$ ；当 $x = 3$ 时，条件 $1 < x \le 4$ 成立，按表达式 -1 计算，有 $f(3) = -1$ 。

【类题】设函数 $f(x) = \begin{cases} x + 1, & x < 1 \\ 2, & x = 1 \\ \ln x, & x > 1 \end{cases}$ ，求

① 函数的定义域；

② $f(-1)$ ， $f(1)$ ， $f(e)$ 。

答案：① $(-\infty, +\infty)$ ；② $f(-1) = 0$ ， $f(1) = 2$ ， $f(e) = 1$ 。

【例4】一位旅客住在旅馆里，图 1-1 所示描述了他的一次行动，请你根据图形给纵坐标赋予某一个物理量后，再叙述他的这次行动。你能给图 1-1 标上具体的数值，精确描述这位旅客的这次行动并用一个函数解析式表达出来吗？

解：设纵坐标 y 为离开旅馆的距离，时间为 t ，则该图可描述为：此旅客离开旅馆出外办事，一件事办完后，又回到旅馆，休息一段时间然后再离开旅馆。

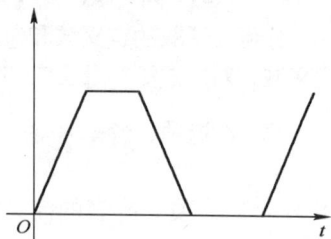

图 1-1

标明的具体数据如图 1-2 所示，设距离 y 的单位为 km，时间 t 的单位为 h，则这位旅客的这次行动可描述为：他以 $2\ km/h$ 的速度出外办事行走 1h 到达办事处，到达办事处，用 1h 办完一件事，以同样的速度回到旅馆休息 1h，又以同样的速度离开旅馆。

行动用函数解析式表达如下：

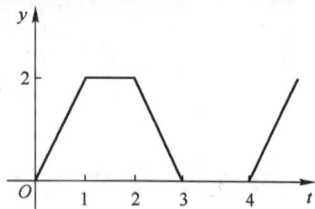

图 1-2

$$y = \begin{cases} 2t, & 0 \le t \le 1, \\ 2, & 1 < t \le 2, \\ -2t + 6, & 2 < t \le 3, \\ 0, & 3 < t \le 4, \\ 2t - 8, & t > 4 。\end{cases}$$

【类题】将图 1-3 所示的图像与事件对应起来。

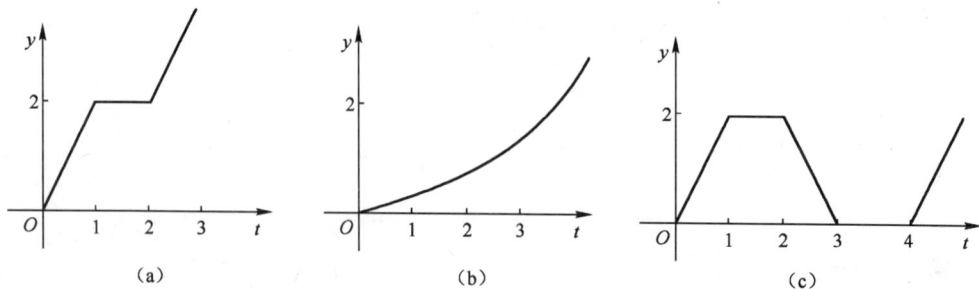

(a)　　　　　　　　(b)　　　　　　　　(c)

图 1-3

① 我离开宾馆不久，发现把公文包忘在房间里，于是立刻返回旅馆取了公文包再上路；

② 我驾车一路以常速行驶，只是在途中遇到一次交通堵塞，耽搁了一些时间；

③ 我出发以后，心情轻松，边驾车边欣赏四周景色，后来为了赶路便开始加速。

其中横轴 t 表示时间，纵轴 y 表示离开宾馆的距离。

答案：① ↔（c）；② ↔（a）；③ ↔（b）。

【例5】直接函数 $y = f(x)$ ，其直接反函数为 $x = \varphi(y)$ ，其矫形反函数为 $y = f^{-1}(x) = \varphi(x)$ ，下列说法不正确的是（　　）。

A. $x = \varphi(y)$ 与 $y = f(x)$ 是同一函数

B. $y = f(x)$ 与 $x = \varphi(y)$ 在同一坐标系中的图像相同

C. $y = f(x)$ 与 $y = f^{-1}(x)$ 在同一坐标系中的图像关于直线 $y = x$ 对称

D. $y = f(x)$ 与 $y = f^{-1}(x)$ 是同一函数

分析：将 $y = f(x)$ 中的 x 反解出来就得到了表达式 $x = \varphi(y)$ ，再将 x ， y 互换就得到了表达式

$y = f^{-1}(x) = \varphi(x)$ ，从而本题选 D。

【类题】直接函数 $y = f(x)$ ，其反函数为 $y = f^{-1}(x) = \varphi(x)$ ，且 $f(1) = 2$ ，

则 $\varphi(2) = $ _____ 。

答案：1。

【例6】求函数 $y = \log_2(x + 2)$ 的反函数。

分析：求反函数的一般步骤是

① 从直接函数 $y = f(x)$ 解出 $x = \varphi(y)$ ；

② 互换 x 与 y 的位置，即为所求的反函数；

③ 原函数的值域就是反函数的定义域。

解：由 $y = \log_2(x + 2)$ 得 $x = 2^y - 2$ ，从而所求的反函数是 $y = 2^x - 2$ ，其定义域是 $(-\infty, +\infty)$ 。

【类题】求函数 $y = e^x + 1$ 的反函数。

答案：$y = \ln(x - 1)$ ， $(1, +\infty)$ 。

【例7】下列说法正确的是（　　）。

A. 没有既是奇，又是偶的函数

B. $y = f(x)$ 在 (a, b) 内处处有定义，则在 (a, b) 内一定有界

C. 两个单调增函数之和仍为单调增函数

D. 设 $y = f(u)$ ， $u = \varphi(x)$ ，则 y 一定可以通过 u 成为 x 的函数 $y = f[\varphi(x)]$

分析：A 选项，如果函数 $f(x)$ 是奇函数，则 $f(-x) = -f(x)$ ，如果 $f(x)$ 是偶函数，则 $f(-x) = f(x)$ ，显然 $f(x) = 0$ 能同时满足上面两个关系式，从而函数 $f(x) = 0$ 既是奇函数又是偶函数；B 选项， $f(x) = \dfrac{1}{x}$ 在 $(0, 1)$ 内有定义，但是在 $(0, 1)$ 内无界；C 选项，根据单调函数的定义可知，这是正确的；D 选项， $y = \ln u$ 与 $u = -|x|$ 两个函数就不可以复合成一个复合函数。

故选 C。

【例8】写出复合函数 $y = \sin^2(x^2 - 1)$ 的复合过程。

分析：分解复合函数通常是从复合函数的最外层着手，逐层向里考虑。

解： $y = \sin^2(x^2 - 1)$ 是由 $y = u^2$ ， $u = \sin v$ ， $v = x^2 - 1$ 复合而成。

注意：很多同学会把 $v = x^2 - 1$ 再分解为 $v = w - 1$ ， $w = x^2$ 。这一步是没有必要的，我们

分解复合函数是为了后面的复合函数求导数等运算做准备的。$v = x^2 - 1$ 是基本初等函数按照四则运算构成的。

【类题】写出复合函数 $y = \ln\left(\sqrt{x} + 1\right)$ 的复合过程。

答案：$y = \ln\left(\sqrt{x} + 1\right)$ 是由 $y = \ln u$ 和 $u = \sqrt{x} + 1$ 复合而成。

【例9】如果 $\lim\limits_{x \to x_0} f(x)$ 存在，则 $f(x)$ 在 x_0 处（　　　）。

A. 一定有定义   B. 一定无定义

C. 可能有定义，也可能无定义   D. 有定义且 $f(x_0) = \lim\limits_{x \to x_0} f(x)$

分析：$\lim\limits_{x \to x_0} f(x)$ 存在不存在，跟函数在 x_0 处有无定义没有关系，如 $f(x) = \dfrac{x^2 - 1}{x - 1}$ 在 $x = 1$ 处没有定义，但是 $\lim\limits_{x \to 1} \dfrac{x^2 - 1}{x - 1} = 2$，故选 C。

【例10】下列解题过程是否正确？说明理由。

① $\lim\limits_{x \to 0} \sin x \cos \dfrac{1}{x} = \lim\limits_{x \to 0} \sin x \cdot \lim\limits_{x \to 0} \cos \dfrac{1}{x} = 0 \cdot \lim\limits_{x \to 0} \cos \dfrac{1}{x} = 0$；

② $\lim\limits_{x \to 2} \dfrac{x^2}{2 - x} = \dfrac{\lim\limits_{x \to 2} x^2}{\lim\limits_{x \to 2}(2 - x)} = \infty$。

分析：两个函数的极限都存在是使用极限的四则运算法则的前提。如果有一个函数的极限不存在，那就不能直接利用四则运算法则，对于分式的极限还要求分母函数的极限不能为零。

解：① 错。因为 $\lim\limits_{x \to 0} \cos \dfrac{1}{x}$ 不存在，所以不能用四则运算法则来求。

② 错。因为 $\lim\limits_{x \to 2}(2 - x) = 0$，所以不能用四则运算法则来求。

【类题】下列解题过程是否正确？说明理由。

① $\lim\limits_{x \to 0}\left(\dfrac{1}{x} - \dfrac{1}{x^2}\right) = \lim\limits_{x \to 0} \dfrac{1}{x} - \lim\limits_{x \to 0} \dfrac{1}{x^2} = \infty - \infty = 0$；

② $\lim\limits_{x \to 0} x^2 \sin \dfrac{1}{x} = \lim\limits_{x \to 0} x^2 \cdot \lim\limits_{x \to 0} \sin \dfrac{1}{x} = 0 \cdot \lim\limits_{x \to 0} \sin \dfrac{1}{x} = 0$。

答案：① 错。因为 $\lim\limits_{x \to 0} \dfrac{1}{x}$，$\lim\limits_{x \to 0} \dfrac{1}{x^2}$ 不存在；

② 错。因为 $\lim\limits_{x \to 0} \sin \dfrac{1}{x}$ 不存在。

【例11】设 $f(x) = \begin{cases} x^2 + 1, & x < 0 \\ x, & x > 0 \end{cases}$，画出 $f(x)$ 的图形，求

$\lim\limits_{x \to 0^-} f(x)$ 及 $\lim\limits_{x \to 0^+} f(x)$，并回答 $\lim\limits_{x \to 0} f(x)$ 是否存在？

解：$f(x)$ 的图像如图 1-4 所示

$\lim\limits_{x \to 0^-} f(x) = \lim\limits_{x \to 0^-}(x^2 + 1) = 1$，

$\lim\limits_{x \to 0^+} f(x) = \lim\limits_{x \to 0^+} x = 0$，

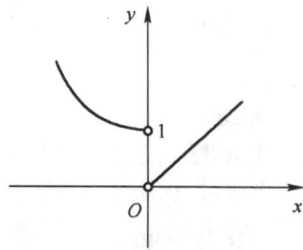

图 1-4

因为 $\lim\limits_{x \to 0^-} f(x) \neq \lim\limits_{x \to 0^+} f(x)$，

所以 $\lim\limits_{x \to 0} f(x)$ 不存在。

【类题】设 $f(x) = \dfrac{|x|}{x} = \begin{cases} 1, & x > 0, \\ -1, & x < 0, \end{cases}$ 画出 $f(x)$ 的图形，求 $\lim\limits_{x \to 0^-} f(x)$ 及 $\lim\limits_{x \to 0^+} f(x)$，并回答 $\lim\limits_{x \to 0} f(x)$ 是否存在？

答案：$\lim\limits_{x \to 0^-} f(x) = -1$，$\lim\limits_{x \to 0^+} f(x) = 1$，$\lim\limits_{x \to 0} f(x)$ 不存在。

【例 12】判断函数 $f(x) = \mathrm{e}^{\frac{1}{x}}$ 当 $x \to 0$ 时的极限是否存在？

分析：因为 $x \to 0$ 是指 $x \to 0^-$ 和 $x \to 0^+$，故应分别计算当 $x \to 0$ 时 $f(x)$ 的左、右极限。然后利用结论 $\lim\limits_{x \to x_0} f(x)$ 存在 $\Leftrightarrow \lim\limits_{x \to x_0^+} f(x)$ 与 $\lim\limits_{x \to x_0^-} f(x)$ 都存在且相等。

解：当 $x \to 0^-$ 时，$\dfrac{1}{x} \to -\infty$，则 $\mathrm{e}^{\frac{1}{x}} \to 0$，即 $\lim\limits_{x \to 0^-} \mathrm{e}^{\frac{1}{x}} = 0$；

当 $x \to 0^+$ 时，$\dfrac{1}{x} \to +\infty$，则 $\mathrm{e}^{\frac{1}{x}} \to +\infty$，即 $\lim\limits_{x \to 0^+} \mathrm{e}^{\frac{1}{x}} = +\infty$。

所以当 $x \to 0$ 时 $f(x) = \mathrm{e}^{\frac{1}{x}}$ 的极限不存在。

【类题】判断函数 $f(x) = \arctan \dfrac{1}{x}$ 当 $x \to 0$ 时的极限是否存在？

答案：不存在。提示：$\lim\limits_{x \to +\infty} \arctan x = \dfrac{\pi}{2}$，$\lim\limits_{x \to -\infty} \arctan x = -\dfrac{\pi}{2}$。

【例 13】求极限 $\lim\limits_{x \to 1} \dfrac{x^2 - 1}{x^2 - 4x + 3}$。

分析：这是 $\dfrac{0}{0}$ 型极限。分子分母的极限都是 0，不能直接利用极限的四则运算法则来进行计算。通常是分子分母分解因式消去零因子，然后再利用极限的四则运算法则来计算。

解：$\lim\limits_{x \to 1} \dfrac{x^2 - 1}{x^2 - 4x + 3} = \lim\limits_{x \to 1} \dfrac{(x+1)(x-1)}{(x-1)(x-3)} = \lim\limits_{x \to 1} \dfrac{x+1}{x-3} = -1$。

【类题】求极限 $\lim\limits_{x \to -2} \dfrac{x^2 + 5x + 6}{x^2 - 4}$。

答案：$-\dfrac{1}{4}$。

【例 14】已知 $\lim\limits_{x \to 2} \dfrac{x^2 + ax + b}{x - 2} = 6$，求 a，b 的值。

分析：当 $x \to 2$ 时，所给函数分母 $x - 2$ 的极限为零，而所给函数的极限存在，因此其分子的极限必定为零，即 $\lim\limits_{x \to 2}(x^2 + ax + b) = 0$，得 $4 + 2a + b = 0$，解得 $b = -(4 + 2a)$，从而

$$x^2 + ax + b = x^2 + ax - (4 + 2a) = (x-2)[x + (a+2)]。$$

所以，$\lim\limits_{x \to 2} \dfrac{x^2 + ax + b}{x - 2} = \lim\limits_{x \to 2} \dfrac{(x-2)[x+(a+2)]}{x-2} = \lim\limits_{x \to 2}[x + (a+2)] = a + 4 = 6$，

从而 $a = 2$，$b = -8$。

【类题】设 $\lim\limits_{x \to 1} \dfrac{x^2 + ax + b}{1-x} = 5$，求 a，b 的值。

答案：$a = -7$，$b = 6$。

【例15】下列极限中，正确的是（　　　）。

A. $\lim\limits_{x \to \infty} \dfrac{\sin x^2}{x^2} = 1$　　B. $\lim\limits_{x \to 0} \dfrac{\sin 3x}{2x} = 1$　　C. $\lim\limits_{x \to \infty} x \sin \dfrac{1}{x} = 1$　　D. $\lim\limits_{x \to 0} \dfrac{\sin \dfrac{1}{x}}{\dfrac{1}{x}} = 1$

分析：第一个重要极限 $\lim\limits_{x \to 0} \dfrac{\sin x}{x} = 1$ 可以用下面更直观的结构式表示：

$$\lim\limits_{\square \to 0} \dfrac{\sin \square}{\square} = 1。$$

其中 $\square$ 中既可以表示自变量 x，也可以表示 x 的函数，而 $\square \to 0$ 是表示当 $x \to x_0$（或 ∞）时，必有 $\square \to 0$。

解：由上面的分析，显然 A、D 都不正确，B 项的结果应该是 $\dfrac{3}{2}$，C 项稍微做一下变形

为 $\lim\limits_{x \to \infty} \dfrac{\sin \dfrac{1}{x}}{\dfrac{1}{x}} = 1$，所以答案选 C。

【类题】下列极限中，正确的是（　　　）。

A. $\lim\limits_{x \to 1} \dfrac{\sin(x^2 - 1)}{x^2 - 1} = 1$　　B. $\lim\limits_{x \to 0} \dfrac{\sin x}{x^2} = 1$　　C. $\lim\limits_{x \to 0} \dfrac{\sin x^2}{x} = 1$　　D. $\lim\limits_{x \to \infty} \dfrac{\sin x}{x} = 1$

答案：A。

【例16】下列极限中，正确的是（　　　）。

A. $\lim\limits_{x \to \infty} \left(1 - \dfrac{1}{x}\right)^x = e$　　　　　　　　B. $\lim\limits_{x \to \infty} (1 + x)^{\frac{1}{x}} = e$

C. $\lim\limits_{x \to 0} \left(1 + \dfrac{1}{x}\right)^x = e$　　　　　　　　D. $\lim\limits_{x \to \infty} \left(1 + \dfrac{2}{x}\right)^x = e^2$

分析：第二个重要极限 $\lim\limits_{x \to \infty} \left(1 + \dfrac{1}{x}\right)^x = e$ 有两种表示形式：

① $\lim\limits_{x \to \infty} \left(1 + \dfrac{1}{x}\right)^x = e$；② $\lim\limits_{x \to 0} (1 + x)^{\frac{1}{x}} = e$。它们可以用下面更直观的结构式表示：

$$\lim\limits_{\substack{x \to x_0 \\ (x \to \infty)}} (1 + \square)^{\frac{1}{\square}} = e。$$

其中 $\square$ 既可以表示自变量 x，也可以表示 x 的函数，且当 $x \to x_0$（或 ∞）时，必有 $\square \to 0$。$\square$ 中的函数应为同一个变量。

解：对于选项 A，$\lim\limits_{x\to\infty}\left(1-\dfrac{1}{x}\right)^x=\lim\limits_{x\to\infty}\left(1+\dfrac{-1}{x}\right)^{(-x)(-1)}=e^{-1}$；由上面的分析，显然 B、C 都不

正确，对于选项 D，$\lim\limits_{x\to\infty}\left(1+\dfrac{2}{x}\right)^x=\lim\limits_{x\to\infty}\left(1+\dfrac{2}{x}\right)^{\frac{x}{2}2}=e^2$，所以答案选 D。

【类题】下列极限中，正确的是（　　　）。

A. $\lim\limits_{x\to\infty}(1+x)^{\frac{1}{x}}=e$ 　　　　　　B. $\lim\limits_{x\to 0}(1+x)^{\frac{1}{x}}=e$

C. $\lim\limits_{x\to 0}(1+x)^{\frac{1}{x}}=e$ 　　　　　　D. $\lim\limits_{x\to 0}\left(1+\dfrac{1}{x}\right)^{x}=e$

答案：C。

【例 17】求极限 $\lim\limits_{x\to\infty}\left(\dfrac{x-2}{x+2}\right)^x$。

分析：本题属于 1^∞ 的类型，需要利用第二个重要极限 $\lim\limits_{x\to\infty}\left(1+\dfrac{1}{x}\right)^x=e$ 来求解。

解一 $\lim\limits_{x\to\infty}\left(\dfrac{x-2}{x+2}\right)^x=\lim\limits_{x\to\infty}\left(\dfrac{x+2-4}{x+2}\right)^x=\lim\limits_{x\to\infty}\left(1+\dfrac{-4}{x+2}\right)^x=\lim\limits_{x\to\infty}\left(1+\dfrac{-4}{x+2}\right)^{\frac{x+2}{-4}\frac{-4x}{x+2}}$

$$=\left\{\lim\limits_{x\to\infty}\left(1+\dfrac{-4}{x+2}\right)^{\frac{x+2}{-4}}\right\}^{\lim\limits_{x\to\infty}\frac{-4x}{x+2}}=e^{-4}。$$

解二 $\lim\limits_{x\to\infty}\left(\dfrac{x-2}{x+2}\right)^x=\dfrac{\lim\limits_{x\to\infty}\left(1-\dfrac{2}{x}\right)^x}{\lim\limits_{x\to\infty}\left(1+\dfrac{2}{x}\right)^x}=\dfrac{\lim\limits_{x\to\infty}\left(1-\dfrac{2}{x}\right)^{\frac{x}{-2}(-2)}}{\lim\limits_{x\to\infty}\left(1+\dfrac{2}{x}\right)^{\frac{x}{2}2}}=\dfrac{e^{-2}}{e^2}=e^{-4}。$

【类题】求极限 $\lim\limits_{x\to\infty}\left(\dfrac{2x-1}{2x+1}\right)^x$。

答案：e^{-1}。

【例 18】证明 $\lim\limits_{x\to 0}\dfrac{e^x-1}{x}=1$。

证明：令 $e^x-1=u$，则 $x=\ln(u+1)$，于是有

$$\lim\limits_{x\to 0}\dfrac{e^x-1}{x}=\lim\limits_{u\to 0}\dfrac{u}{\ln(u+1)}=\lim\limits_{u\to 0}\dfrac{1}{\ln(u+1)^{\frac{1}{u}}}=\dfrac{1}{\ln e}=1。$$

【类题】证明 $\lim\limits_{x\to 0}\dfrac{\ln(1+x)}{x}=1$。

证明：略。

【例 19】设 $f(x)=\dfrac{1-\cos^2 x}{x^2}$，当 $x\neq 0$ 时，$F(x)=f(x)$，若 $F(x)$ 在点 $x=0$ 处连续，则

$F(0)=$ _____。

分析：函数 $f(x)$ 在点 x_0 处连续的定义是 $f(x_0)=\lim\limits_{x\to x_0}f(x)$，本题实际上就是求极限。

解：$F(0) = \lim_{x \to 0} F(x) = \lim_{x \to 0} f(x) = \lim_{x \to 0} \frac{1 - \cos^2 x}{x^2} = \lim_{x \to 0} \frac{\sin^2 x}{x^2} = 1$，

故 $F(0) = 1$。

【类题】设 $f(x)$ 在点 $x = 0$ 处连续，当 $x \neq 0$ 时，$f(x) = \dfrac{x}{\tan x}$，则 $f(0) = $ _____。

答案：1。

【例20】（用水费用）设某城市居民的用水费用的函数模型为

$$f(x) = \begin{cases} 0.64x, & 0 \leqslant x \leqslant 4.5 \\ 2.88 + 5 \times 0.64(x - 4.5), & x > 4.5 \end{cases},$$

其中，x 为用水量（单位：t），$f(x)$ 为水费（单位：元），

① 求 $\lim\limits_{x \to 4.5} f(x)$；② $f(x)$ 是连续函数吗？

分析：本题是求分段函数在分段点处的极限和连续的应用题，应该注意所给函数在分段点两侧的表示式是否相同，若相同，则直接求 $\lim\limits_{x \to x_0} f(x)$，如果在分段点的两侧不相同，则应该利用左右极限来判定。显然本题在分段点 4.5 的两侧表示式不同。

解：① $\lim\limits_{x \to 4.5^-} f(x) = \lim\limits_{x \to 4.5^-} 0.64x = 2.88$，

$\lim\limits_{x \to 4.5^+} f(x) = \lim\limits_{x \to 4.5^+} [2.88 + 5 \times 0.64(x - 4.5)] = 2.88$，

所以：$\lim\limits_{x \to 4.5} f(x) = 2.88$；

② $f(4.5) = 0.64 \times 4.5 = 2.88$，$\lim\limits_{x \to 4.5} f(x) = f(4.5)$，

所以 $f(x)$ 在 $x = 4.5$ 处连续，又 $0 \leqslant x < 4.5$ 和 $x > 4.5$ 时 $f(x)$ 是初等函数，故 $f(x)$ 在 $[0, +\infty)$ 上是连续函数。

【类题】（个人所得税）按现行个人所得税规定，稿酬所得税 $T(x)$ 与稿酬收入 x 之间的函数模型为（单位：元）

$$T(x) = \begin{cases} (x - 800) \times 20\% \times (1 - 30\%), & 800 \leqslant x \leqslant 4000 \\ x(1 - 20\%) \times 20\% \times (1 - 30\%), & x > 4000 \end{cases},$$

① 求 $\lim\limits_{x \to 4000} T(x)$；② $T(x)$ 在 $x = 4000$ 处连续吗？③ 画出 $T(x)$ 的图形。

答案：① 448；② 连续；③ 略。

【例21】求下列函数的间断点。

① $f(x) = \dfrac{x^2 - 1}{x - 1}$；② $f(x) = \begin{cases} x^2 - 3, & x \geqslant 0 \\ e^x, & x < 0 \end{cases}$；③ $f(x) = \begin{cases} x + 1, & x \leqslant -1 \\ \sin(x + 1), & -1 < x \leqslant 1 \\ \ln x, & x > 1 \end{cases}$。

分析：对于下面三条

（a）在 $x = c$ 处有定义；（b）$\lim\limits_{x \to c} f(c)$ 存在；（c）$\lim\limits_{x \to c} f(x) = f(c)$，

若其中一条不成立，则 $x = c$ 就是函数的间断点。由函数的间断点的定义可知，下面两类点可能为函数的间断点：

（a）函数无定义的点；

（b）分段函数的分段点。

解： ① 显然函数 $f(x) = \dfrac{x^2-1}{x-1}$ 在 $x=1$ 处没有定义，所以 $x=1$ 为函数的间断点。

② $x=0$ 点为分段函数的分段点，它可能为函数的间断点。由于

$$\lim_{x\to 0^+} f(x) = \lim_{x\to 0^+}(x^2-3) = -3 , \quad \lim_{x\to 0^-} f(x) = \lim_{x\to 0^-} e^x = 1 ,$$

$\lim\limits_{x\to 0^+} f(x) \neq \lim\limits_{x\to 0^-} f(x)$，所以 $\lim\limits_{x\to 0} f(x)$ 不存在。从而 $x=0$ 为函数的分段点。

③ 函数有两个分段点 $x=-1$ 和 $x=1$，

在分段点 $x=-1$ 处，

$$\lim_{x\to -1^+} f(x) = \lim_{x\to -1^+}\sin(x+1) = 0 , \quad \lim_{x\to -1^-} f(x) = \lim_{x\to -1^-}(x+1) = 0 , \quad f(-1) = 0 ,$$

所以函数 $f(x)$ 在 $x=-1$ 处连续，从而 $x=-1$ 是函数的连续点。

在分段点 $x=1$ 处，

$$\lim_{x\to 1^+} f(x) = \lim_{x\to 1^+}\ln x = 0 , \quad \lim_{x\to 1^-} f(x) = \lim_{x\to 1^-}\sin(x+1) = \sin 2 , \quad \lim_{x\to 1^+} f(x) \neq \lim_{x\to 1^-} f(x) ,$$

所以函数 $f(x)$ 在 $x=1$ 处间断，从而 $x=1$ 是函数的间断点。

【类题】 求函数 $f(x) = \dfrac{x^2-1}{(x-1)x}$ 的间断点。

答案： $x=0, x=1$ 是函数 $f(x)$ 的间断点。

【例22】 已知函数 $f(x) = \begin{cases} \dfrac{\sin ax}{2x}, & x>0 \\[2mm] b, & x=0 \\[2mm] (1+x)^{-\frac{2}{x}}, & x<0 \end{cases}$，试求常数 a, b，使得函数 $f(x)$ 在 $x=0$ 处连续。

分析： 要使函数 $f(x)$ 在 $x=0$ 处连续，必须满足 $\lim\limits_{x\to 0^-} f(x) = \lim\limits_{x\to 0^+} f(x) = f(0)$。

解： 因为 $\lim\limits_{x\to 0^-} f(x) = \lim\limits_{x\to 0^-}(1+x)^{-\frac{2}{x}} = e^{-2}$，$\lim\limits_{x\to 0^+} f(x) = \lim\limits_{x\to 0^+}\dfrac{\sin ax}{2x} = \dfrac{a}{2}$，$f(0) = b$，

所以 $e^{-2} = \dfrac{a}{2} = b$，$a = 2e^{-2}$，$b = e^{-2}$，

故当 $a = 2e^{-2}$，$b = e^{-2}$ 时，函数 $f(x)$ 在 $x=0$ 处连续。

注意： 很多同学犯这样的错误：

① "要使函数 $f(x)$ 在 $x=0$ 处连续，必须满足 $\lim\limits_{x\to 0^-} f(x) = \lim\limits_{x\to 0^+} f(x) = \lim\limits_{x\to 0} f(x)$"，显然这只是说明极限存在，不能说明连续；

② "要使函数 $f(x)$ 在 $x=0$ 处连续，必须满足 $\lim\limits_{x\to 0^-} f(x) = \lim\limits_{x\to 0^+} f(x)$"。

【类题】 已知函数 $f(x) = \begin{cases} x^2-3, & x\geq 0 \\ e^{-x}+k, & x<0 \end{cases}$，试求常数 k，使得函数 $f(x)$ 在 $x=0$ 处连续。

答案： $k = -4$。

【例23】 下列说法正确的是（　　）。

A. 若 $f(x)$ 在点 x_0 连续，则 $\lim\limits_{x\to x_0} f(x)$ 存在

B. $\lim\limits_{x\to x_0} f(x) = A$，则 $f(x)$ 在点 x_0 连续

C. 设 $y=f(x)$ 在 $[a,b]$ 内连续，则 $f(x)$ 在 $[a,b]$ 上可取到最大值和最小值

D. 设 $y = f(x)$ 在 $[a,b]$ 上有意义，在 (a,b) 内连续，且 $f(a)f(b) < 0$，则至少存在一点 $\xi \in (a,b)$，使得 $f(\xi) = 0$

分析：对于 A、B 选项，函数在点 x_0 连续，则 $\lim\limits_{x \to x_0} f(x)$ 存在而且要满足 $\lim\limits_{x \to x_0} f(x) = f(x_0)$。

但是，若 $\lim\limits_{x \to x_0} f(x)$ 存在，$f(x)$ 在点 x_0 不一定连续，如函数 $f(x) = \dfrac{x^2 - 1}{x - 1}$ 在 $x = 1$ 点无定义，

从而不连续，但是 $\lim\limits_{x \to 1} \dfrac{x^2 - 1}{x - 1} = 2$，极限存在；对于 C 选项，$f(x) = \dfrac{1}{x}$ 在 $[1, +\infty)$ 内连续，但是

在 $[1, +\infty)$ 上不能取到最小值；对于 D 选项，$f(x) = \begin{cases} x^2, & 0 < x \leqslant 1 \\ -2, & x = 0 \end{cases}$，显然无点 $\xi \in (0,1)$ 满足

$f(\xi) = 0$。

解：选 A。

【例 24】若 $\lim\limits_{x \to 1} f(x)$ 存在，且 $f(x) = x^3 + \dfrac{2x^2 + 1}{x + 1} + 2\lim\limits_{x \to 1} f(x)$，求 $f(x)$。

分析：由极限的定义可以知道，如果 $\lim\limits_{x \to x_0} f(x)$ 存在，则它是一个确定的数值。

解：设 $\lim\limits_{x \to 1} f(x) = A$，由题设有

$$f(x) = x^3 + \dfrac{2x^2 + 1}{x + 1} + 2A，$$

因此

$$\lim\limits_{x \to 1} f(x) = \lim\limits_{x \to 1} \left(x^3 + \dfrac{2x^2 + 1}{x + 1} + 2A \right)，$$

从而 $A = 1 + \dfrac{3}{2} + 2A$，解得 $A = -\dfrac{5}{2}$，故

$$f(x) = x^3 + \dfrac{2x^2 + 1}{x + 1} - 5。$$

【类题】若 $\lim\limits_{x \to 1} f(x)$ 存在，且 $f(x) = \dfrac{x^2 + x - 2}{x^2 - 1} + 2\lim\limits_{x \to 1} f(x)$，求 $f(x)$。

答案：$f(x) = \dfrac{x^2 + x - 2}{x^2 - 1} - 3$。

【基础知识试题】

一、选择题

1. 设 $f(x) = \begin{cases} x - 1, & -1 < x \leqslant 0 \\ x, & 0 < x \leqslant 1 \end{cases}$，则 $\lim\limits_{x \to 0} f(x) = $ _____。

A. -1　　　　　　B. 1　　　　　　C. 0　　　　　　D. 不存在

2. 若 $f(x)$ 在点 x_0 的左、右极限均为 A，则 $f(x)$ 在点 x_0 _____。

A. 有定义　　　　B. 极限存在　　　C. 连续　　　D. $f(x_0) = A$

3. 下列极限正确的是 _____。

A. $\lim\limits_{x \to 0} \dfrac{\sin x^2}{x} = 1$　　B. $\lim\limits_{x \to 0} \dfrac{\tan x}{x} = 1$　　C. $\lim\limits_{x \to 0} \dfrac{\sin x}{x^2} = 1$　　D. $\lim\limits_{x \to \infty} \dfrac{\sin x}{x} = 1$

4. 函数 $f(x)$ 在点 x_0 连续的充要条件是当 $x \to x_0$ 时，_____。

A. $f(x) \to 0$ B. $f(x)$ 的左右极限存在相等且等于 $f(x_0)$

C. $f(x)$ 的左右极限存在且相等 D. $f(x)$ 的极限存在

5. 函数 $f(x)$ 在闭区间 $[a, b]$ 上连续，则在 $[a, b]$ 上_____。

A. 有界 B. 无界 C. 单调 D. 至少有一个零点

二、填空题

1. 若 $f(x)$ 为奇函数，则 $\dfrac{f(x) - f(-x)}{2}$ 为_____。

2. 若 $f(x) = \cos x, g(x) = \ln x$，则 $f[g(\sqrt{e})] = $ _____；$g[f(0)] = $ _____。

3. $y = e^{\sqrt{\sin x}}$ 是由函数_____复合而成的。

4. 函数 $f(x) = \begin{cases} x+3, & -3 \leq x < 0 \\ -2x+1, & 0 \leq x \leq 2 \end{cases}$ 的定义域是_____；$f(0) = $ _____；

$f(-1) = $ _____；$f(2) = $ _____。

5. 以零为极限的变量称为_____。

6. $f(x) = \dfrac{x^2 - 9}{x+3}$ 的间断点是_____。

7. 当 $x \to \dfrac{\pi}{2}$ 时，$y = \cos x$ 的极限为_____。

8. $\lim\limits_{x \to c} f(x) = A \Leftrightarrow$ _____。

9. $\lim\limits_{x \to 0} \dfrac{\sin x}{x} = $ _____；$\lim\limits_{x \to \infty} \dfrac{\sin x}{x} = $ _____；$\lim\limits_{x \to 0} \dfrac{\sin kx}{x} = $ _____（$k \neq 0$）。

10. $\lim\limits_{x \to \infty} \left(1 + \dfrac{1}{x}\right)^x = $ _____；$\lim\limits_{x \to 0} (1+x)^{\frac{1}{x}} = $ _____；$\lim\limits_{x \to \infty} \left(1 + \dfrac{a}{x}\right)^{bx} = $ _____。

11. 设 $\lim\limits_{x \to 2^+} f(x) = 5, \lim\limits_{x \to 2^-} f(x) = 5$，且 $f(2) = 0$，则函数 $f(x)$ 在 $x = 2$ 点_____（连续、间断）。

三、计算题

1. $\lim\limits_{x \to 1} \dfrac{x^2 - 3x + 2}{x^2 - 1}$。

2. $\lim\limits_{x \to \infty} \dfrac{x^2 - 1}{3x^2 + x}$。

3. $\lim\limits_{x \to 2} \dfrac{\sqrt{x} - \sqrt{2}}{x - 2}$。

四、解答题

1. 设 $f\left(\dfrac{1}{x}\right) = x + \sqrt{1 + x^2}$ （$x > 0$），求 $f(x)$。

2. 求函数 $y = \dfrac{1}{\sqrt{4 - x^2}}$ 的定义域。

3. 设 $f(x) = \begin{cases} \dfrac{\sin x}{2x}, & x < 0 \\ (1+ax)^{\frac{1}{x}}, & x > 0 \end{cases}$，试求 a，使 $\lim\limits_{x \to 0} f(x)$ 存在。

4. 试求 a,b，使函数 $f(x)=\begin{cases} x^2, & x<1 \\ a, & x=1 \\ bx+2, & x>1 \end{cases}$，在 $x=1$ 处连续。

5. 判断函数 $f(x)=x\cdot e^x-e$ 在区间 $(0,e)$ 内是否有零点，并证明之。

五、应用题

1.（保本分析）某公司每天要支付一笔固定费用 300 元（用于房租与薪水等），它所出售的食品的生产费用为 1 元/千克，而销售价格为 2 元/千克。试问他们每天应当销售多少千克食品才能使公司的收支保持平衡？

2.（热量问题）设 1g 冰从 $-40\,℃$ 升到 $x\,℃$ 所需的热量（单位：J）为

$$f(x)=\begin{cases} 2.1x+84, & -40\leqslant x<0 \\ 4.2x+420, & x\geqslant 0 \end{cases},$$

试问当 $x=0$ 时，函数是否连续？并解释它的几何意义。

【基础知识试题答案】

一、选择题

1. D；2. B；3. B；4. B；5. A。

二、填空题

1. 奇函数；2. $\cos\frac{1}{2}$，0；3. $y=e^u,u=\sqrt{v},v=\sin x$；

4. $[-3,2]$，1，2，-3；5. 无穷小；6. $x=-3$；7. 0；8. $\lim\limits_{x\to c^-}f(x)=\lim\limits_{x\to c^+}f(x)=A$；

9. 1，0，k；10. e，e，e^{ab}；11. 间断。

三、计算题

1. $\lim\limits_{x\to 1}\dfrac{x^2-3x+2}{x^2-1}=\lim\limits_{x\to 1}\dfrac{(x-1)(x-2)}{(x-1)(x+1)}=\lim\limits_{x\to 1}\dfrac{x-2}{x+1}=-\dfrac{1}{2}$。

2. $\lim\limits_{x\to\infty}\dfrac{x^2-1}{3x^2+x}=\lim\limits_{x\to\infty}\dfrac{1-\dfrac{1}{x^2}}{3+\dfrac{1}{x}}=\dfrac{1}{3}$。

3. $\lim\limits_{x\to 2}\dfrac{\sqrt{x}-\sqrt{2}}{x-2}=\lim\limits_{x\to 2}\dfrac{(\sqrt{x}-\sqrt{2})(\sqrt{x}+\sqrt{2})}{(x-2)(\sqrt{x}+\sqrt{2})}=\lim\limits_{x\to 2}\dfrac{1}{\sqrt{x}+\sqrt{2}}=\dfrac{1}{2\sqrt{2}}=\dfrac{\sqrt{2}}{4}$。

四、解答题

1. 解：令 $t=\dfrac{1}{x}$，则 $x=\dfrac{1}{t}$，原式变为

$$f(t)=\dfrac{1}{t}+\sqrt{1+\dfrac{1}{t^2}}=\dfrac{1+\sqrt{t^2+1}}{t}，\quad t>0$$

所以，$f(x)=\dfrac{1+\sqrt{x^2+1}}{x}$，$x>0$。

2. 解：由已知得 $4-x^2>0$，从而解得 $-2<x<2$，

所以，函数 $y = \dfrac{1}{\sqrt{4-x^2}}$ 的定义域是 $(-\infty, -2) \cup (2, +\infty)$。

3. 解：要使 $\lim\limits_{x \to 0} f(x)$ 存在，须 $\lim\limits_{x \to 0^-} f(x) = \lim\limits_{x \to 0^+} f(x)$，

而 $\lim\limits_{x \to 0^-} f(x) = \lim\limits_{x \to 0^-} \dfrac{\sin x}{2x} = \dfrac{1}{2}$，

$\lim\limits_{x \to 0^+} f(x) = \lim\limits_{x \to 0^+} (1+ax)^{\frac{1}{x}} = \mathrm{e}^a$，

所以，$\dfrac{1}{2} = \mathrm{e}^a$，

即 $a = \ln \dfrac{1}{2} = -\ln 2$。

4. 解：要使 $f(x)$ 在 $x = 1$ 处连续，须 $\lim\limits_{x \to 1^-} f(x) = \lim\limits_{x \to 1^+} f(x) = f(1)$，

而 $\lim\limits_{x \to 1^-} f(x) = \lim\limits_{x \to 1^-} x^2 = 1$，

$$\lim\limits_{x \to 1^+} f(x) = \lim\limits_{x \to 1^+} (bx+2) = b+2，$$
$$f(1) = a,$$

所以，$1 = b+2 = a$，

即 $a = 1, b = -1$。

5. 解：至少有一个零点；

证明：设 $f(x) = x \cdot \mathrm{e}^x - \mathrm{e}$，显然 $f(x)$ 在闭区间 $[0, \mathrm{e}]$ 上连续，又

$$f(0) = -\mathrm{e} < 0，\quad f(\mathrm{e}) = \mathrm{e} \cdot \mathrm{e}^{\mathrm{e}} - \mathrm{e} = \mathrm{e}(\mathrm{e}^{\mathrm{e}} - 1) > 0，$$

所以由零点定理可知，在区间 $(0, \mathrm{e})$ 内至少存在一点 ξ，使得 $f(\xi) = 0$。即

$$\xi \cdot \mathrm{e}^{\xi} - \mathrm{e} = 0，$$

所以函数 $f(x) = x \cdot \mathrm{e}^x - \mathrm{e}$ 在区间 $(0, \mathrm{e})$ 内至少有一个零点。

五、应用题

1. 解：设该公司每天应当销售 x kg 食品才能使公司的收支保持平衡，

则 $300 + 1 \times x = 2 \times x$，

解得 $x = 300$

所以该公司每天应当销售 300 kg 食品才能使公司的收支保持平衡。

2. 解：$\lim\limits_{x \to 0^-} f(x) = \lim\limits_{x \to 0^-} (2.1x + 84) = 84$，

$$\lim\limits_{x \to 0^+} f(x) = \lim\limits_{x \to 0^+} (4.2x + 420) = 420，$$
$$f(0) = 420，$$

所以 $f(x)$ 在 $x = 0$ 处函数不连续，这表明冰需要吸收一些能量才能融化（变为 x ℃以上）。

【能力提高试题】

一、选择题

1. 设 $f(x) = \dfrac{x}{|x|}$，则 $\lim\limits_{x \to 0} f(x) =$ _____。

A. -1 B. 1 C. 0 D. 不存在

2. $\lim\limits_{x \to 0} e^{\frac{1}{x}} = $ _____ 。

A. 0 B. 1 C. ∞ D. 不存在但不是 ∞

3. 设 $\lim\limits_{x \to 0} \dfrac{x}{f(2x)} = 2$ ，则 $\lim\limits_{x \to 0} \dfrac{f(2x)}{\sin x} = $ _____ 。

A. 2 B. 3 C. $\dfrac{1}{2}$ D. 1

4. 设 $f(x) = (1-x)^{\cot x}$ ，则定义 $f(0) = $ _____ 时， $f(x)$ 在 $x = 0$ 处连续。

A. $\dfrac{1}{e}$ B. e

C. $-e$ D. 无论怎样定义 $f(0)$ ， $f(x)$ 在 $x = 0$ 也不连续

二、填空题

1. 设 $f(x) = \dfrac{ax+b}{cx+d}$ 在条件 _____ 下，它的反函数是其自身。

2. $\lim\limits_{x \to \infty} \dfrac{\sin x}{x} = $ _____ 。

3. 设函数 $f(x) = \begin{cases} \dfrac{\sqrt{x+4}-2}{x}, & x \neq 0 \\ a, & x = 0 \end{cases}$ 在 $x = 0$ 处连续，则 $a = $ _____ 。

4. 若 $\lim\limits_{x \to 2} \dfrac{x^2 - x + a}{x - 2} = 3$ ，则 $a = $ _____ 。

三、解答题

1. 求函数 $f(x) = \arcsin \dfrac{3x}{1+x}$ 的定义域。

2. $\lim\limits_{n \to \infty} \dfrac{\sqrt{n^2 - 3n}}{2n + 1}$ 。

3. 设 $\lim\limits_{x \to 2}[f(x) + g(x)] = 5$ ， $\lim\limits_{x \to 2} g(x) = 1$ ，

求（1）$\lim\limits_{x \to 2} f(x)$ ；（2）$\lim\limits_{x \to 2}[(f(x))^2 - (g(x))^2]$ ；（3）$\lim\limits_{x \to 2} \dfrac{3g(x)}{f(x) - g(x)}$ 。

4. 若 $\lim\limits_{x \to \infty}\left(\dfrac{x^2 + 1}{x + 1} - ax - b\right) = 0$ ，求 a ， b 。

5. $\lim\limits_{x \to \infty}\left(\dfrac{x + k}{x - 2k}\right)^x = 8$ ，求常数 k 。

6. 设 $f(x) = \begin{cases} e^x, & x < 0 \\ a + x, & x \geq 0 \end{cases}$ ，应当怎样选取 a ，使 $f(x)$ 在 $x = 0$ 处连续。

四、应用题

（贷款购房）设一个家庭贷款购房的能力 (y) 是其偿还能力 (u) 的 100 倍，而这个家庭的偿还能力 (u) 是月收入 (x) 的 20%，

（1）试把此家庭贷款购房能力 (y) 表示成月收入 (x) 的函数；

（2）如果这个家庭的月收入是 4000 元，那么这个家庭购买住房可贷款多少？

【能力提高试题答案】

一、选择题

1. D；2. D；3. C；4. A。

二、填空题

1. $a = -d$；2. 0；3. $\dfrac{1}{4}$；4. -2。

三、解答题

1. 解：函数有意义，必须满足

$$\begin{cases} \left|\dfrac{3x}{1+x}\right| \leqslant 1 \\ 1+x \neq 0 \end{cases} \Rightarrow \begin{cases} |3x| \leqslant |1+x| \\ x \neq -1 \end{cases} \Rightarrow \begin{cases} 9x^2 \leqslant (1+x)^2 \\ x \neq -1 \end{cases} \Rightarrow \begin{cases} -\dfrac{1}{4} \leqslant x \leqslant \dfrac{1}{2} \\ x \neq -1 \end{cases} \Rightarrow -\dfrac{1}{4} \leqslant x \leqslant \dfrac{1}{2},$$

所以，所求函数的定义域是 $\left\{ x \left| -\dfrac{1}{4} \leqslant x \leqslant \dfrac{1}{2} \right. \right\}$。

2. 解：$\displaystyle\lim_{n\to\infty} \frac{\sqrt{n^2-3n}}{2n+1} = \lim_{n\to\infty} \frac{n\sqrt{1-\dfrac{3}{n}}}{n\left(2+\dfrac{1}{n}\right)} = \lim_{n\to\infty} \frac{\sqrt{1-\dfrac{3}{n}}}{2+\dfrac{1}{n}} = \frac{1}{2}$。

3. 解：（1）$\displaystyle\lim_{x\to 2} f(x) = \lim_{x\to 2}[f(x)+g(x)-g(x)] = \lim_{x\to 2}[f(x)+g(x)] - \lim_{x\to 2}g(x) = 5-1 = 4$；

（2）$\displaystyle\lim_{x\to 2}[(f(x))^2 - (g(x))^2] = \lim_{x\to 2}[f(x)+g(x)][f(x)-g(x)]$

$= \displaystyle\lim_{x\to 2}[f(x)+g(x)] \cdot \lim_{x\to 2}[f(x)-g(x)] = \lim_{x\to 2}[f(x)+g(x)][\lim_{x\to 2}f(x) - \lim_{x\to 2}g(x)] = 5\times(4-1) = 15$；

（3）$\displaystyle\lim_{x\to 2} \frac{3g(x)}{f(x)-g(x)} = \frac{\lim_{x\to 2}3g(x)}{\lim_{x\to 2}[f(x)-g(x)]} = \frac{3\lim_{x\to 2}g(x)}{\lim_{x\to 2}f(x) - \lim_{x\to 2}g(x)} = \frac{3\times 1}{4-1} = 1$。

4. 解：由于 $\displaystyle\lim_{x\to\infty}\frac{x^2+1}{x+1} = \infty$，$\displaystyle\lim_{x\to\infty}(ax+b) = \infty$，这是 $\infty-\infty$ 类型，不能直接利用四则运算法则，故先通分

$$\frac{x^2+1}{x+1} - ax - b = \frac{x^2+1-ax^2-ax-bx-b}{x+1} = \frac{(1-a)x^2 - (a+b)x - (b-1)}{x+1},$$

当 $x\to\infty$ 时，由 $\displaystyle\lim_{x\to\infty}\frac{P_n(x)}{Q_m(x)}$ 的结论可知，只有当 $n<m$ 时，极限才能为零，因此必有 $1-a=0$ 且 $-(a+b)=0$，

解得 $a=1, b=-1$。

5. 解：$\displaystyle\lim_{x\to\infty}\left(\frac{x+k}{x-2k}\right)^x = \lim_{x\to\infty}\left(\frac{1+\dfrac{k}{x}}{1-\dfrac{2k}{x}}\right)^x = \frac{\lim_{x\to\infty}\left(1+\dfrac{k}{x}\right)^x}{\lim_{x\to\infty}\left(1-\dfrac{2k}{x}\right)^x} = \frac{e^k}{e^{-2k}} = e^{3k}$，

令 $e^{3k} = 8$，得 $k = \dfrac{1}{3}\ln 8$，即 $k = \ln 2$。

6. 解：欲使 $f(x)$ 在 $x=0$ 处连续，需满足 $\lim\limits_{x\to 0^-}f(x)=\lim\limits_{x\to 0^+}f(x)=f(0)$，而

$\lim\limits_{x\to 0^-}f(x)=\lim\limits_{x\to 0^-}e^x=1$，

$\lim\limits_{x\to 0^+}f(x)=\lim\limits_{x\to 0^+}(a+x)=a$，

$f(0)=a+0=a$，

所以，$a=1$。

四、应用题

解：（1）$y=100u$，$u=20\%x$，所以，$y=100\cdot 20\%x=20x$；

（2）当 $x=4000$ 时，$y=20\times 4000=80000$（元）。

第2章　导数及其应用

【基本知识导学】

一、导数与微分的概念与结论

1. 导数的概念

（1）导数的定义：$f'(x_0) = \lim\limits_{\Delta x \to 0} \dfrac{\Delta y}{\Delta x} = \lim\limits_{\Delta x \to 0} \dfrac{f(x_0 + \Delta x) - f(x_0)}{\Delta x} = \lim\limits_{x \to x_0} \dfrac{f(x) - f(x_0)}{x - x_0}$。

（2）导函数：$f'(x) = \lim\limits_{\Delta x \to 0} \dfrac{\Delta y}{\Delta x} = \lim\limits_{\Delta x \to 0} \dfrac{f(x + \Delta x) - f(x)}{\Delta x}$。

（3）导数 $f'(x_0)$ 的几何意义：曲线 $y = f(x)$ 在点 $P[x_0, f(x_0)]$ 处切线的斜率。

曲线 $y = f(x)$ 在点 $P[x_0, f(x_0)]$ 处的切线方程为

$$y - f(x_0) = f'(x_0)(x - x_0)。$$

（4）导数 $s'(t_0)$ 的物理意义：变速直线运动 $s = s(t)$ 的物体在 t_0 时刻的瞬时速度。

（5）高阶导数：二阶及二阶以上的导数统称为高阶导数。

$$y'' = (y')', \ y''' = (y'')', \cdots, \ y^{(n)} = (y^{(n-1)})'。$$

2. 微分的概念

（1）微分的定义：一元函数 $y = f(x)$ 在点 x 处满足

$$\Delta y = f(x + \Delta x) - f(x) = f'(x)\Delta x + \alpha$$

其中 α 满足 $\lim\limits_{\Delta x \to 0} \dfrac{\alpha}{\Delta x} = 0$，则称一元函数 $y = f(x)$ 在点 x 处可微，且称 $f'(x) \cdot \Delta x$ 为一元函数 $y = f(x)$ 在点 x 处的微分，记为 $\mathrm{d}y = f'(x)\Delta x = f'(x)\mathrm{d}x$。

（2）微分与导数的关系：$f(x)$ 在点 x_0 处可微 $\Leftrightarrow$ $f(x)$ 在点 x_0 处可导。

（3）微分的几何意义：曲线 $y = f(x)$ 在点 $M[x, f(x)]$ 处的切线的纵坐标增量。

二、求导公式与求导法则

1. 基本初等函数的求导公式

（1）$(c)' = 0$；

（2）$(x^{\alpha})' = \alpha x^{\alpha-1}$；

（3）$(a^x)' = a^x \ln a$；

（4）$(\mathrm{e}^x)' = \mathrm{e}^x$；

（5）$(\log_a x)' = \dfrac{1}{x \ln a}$；

（6）$(\ln x)' = \dfrac{1}{x}$；

（7）$(\sin x)' = \cos x$；

（8）$(\cos x)' = -\sin x$；

（9）$(\tan x)' = \sec^2 x$；

（10）$(\cot x)' = -\csc^2 x$；

（11）$(\sec x)' = \sec x \cdot \tan x$；

（12）$(\csc x)' = -\csc x \cdot \cot x$；

（13） $(\arcsin x)' = \dfrac{1}{\sqrt{1-x^2}}$ ；　　　（14） $(\arccos x)' = -\dfrac{1}{\sqrt{1-x^2}}$ ；

（15） $(\arctan x)' = \dfrac{1}{1+x^2}$ ；　　　（16） $(\mathrm{arc}\cot x)' = -\dfrac{1}{1+x^2}$ 。

2．导数的四则运算法则

设 $f(x)$ 、 $g(x)$ 均可导，则

（1） $\left[f(x) \pm g(x)\right]' = f'(x) \pm g'(x)$ ；

（2） $[f(x)g(x)]' = f'(x)g(x) + f(x)g'(x)$ ；

（3） $\left[\dfrac{f(x)}{g(x)}\right]' = \dfrac{f'(x) \cdot g(x) - f(x) \cdot g'(x)}{[g(x)]^2}$ $[g(x) \neq 0]$ 。

3．复合函数的求导法则

函数 $u = g(x)$ 在点 x 处可导，而函数 $y = f(u)$ 在相应的点 $u = g(x)$ 处也可导，则复合函数 $y = f[g(x)]$ 在点 x 处也可导，且有 $\dfrac{\mathrm{d}y}{\mathrm{d}x} = \dfrac{\mathrm{d}y}{\mathrm{d}u} \cdot \dfrac{\mathrm{d}u}{\mathrm{d}x} = f'(u)\big|_{u=g(x)} \cdot g'(x)$ 。

推广　若 $v = h(x)$ ， $u = g(v)$ ， $y = f(u)$ 分别在点 x 及其相应的点 v 及 u 处可导，则复合函数 $y = f\{g[h(x)]\}$ 在点 x 处也可导，并且有 $\dfrac{\mathrm{d}y}{\mathrm{d}x} = \dfrac{\mathrm{d}y}{\mathrm{d}u} \cdot \dfrac{\mathrm{d}u}{\mathrm{d}v} \cdot \dfrac{\mathrm{d}v}{\mathrm{d}x} = f'(u)\big|_{u=g[h(x)]} \cdot g'(v)\big|_{v=h(x)} \cdot h'(x)$ 。

三、导数的应用

1．基本概念

（1）驻点的定义：一阶导数等于零的点称为驻点。

（2）极值与极值点的定义：设函数 $f(x)$ 在点 x_0 及其附近有定义，若对于点 x_0 附近的任意一点 x ，均有 $f(x) < f(x_0)$ [或 $f(x) > f(x_0)$]，则称 $f(x_0)$ 是函数 $f(x)$ 的一个极大值（或极小值），点 x_0 叫做函数 $f(x)$ 的一个极大值点（极小值点）。函数的极大值与极小值统称为极值；函数的极大值点与极小值点统称为极值点。

（3）曲线凹凸性的定义：若曲线 $y = f(x)$ 在区间 (a, b) 内总是位于其上每一点的切线上（下）方，则称曲线 $y = f(x)$ 在区间 (a, b) 内是凹（凸）弧。

（4）拐点的定义：连续曲线上凹弧与凸弧的分界点称为曲线的拐点。

2．判别方法与结论

（1）一元可导函数单调性的判别法：设函数 $y = f(x)$ 在区间 (a, b) 内可导，若 $f'(x) > 0$ (< 0) ， $x \in (a, b)$ ，则函数 $f(x)$ 在 (a, b) 内单调增加（减少）。

（2）一元可导函数极值的判别法：函数 $y = f(x)$ 在点 x_0 处取得极值，则 $f'(x_0) = 0$ 。更进一步，若导数在点 x_0 处左正右负，则 x_0 为极大值点；左负右正，则 x_0 为极小值点。

求可导函数 $y = f(x)$ 单调区间和极值的一般步骤：

① 确定函数 $y = f(x)$ 的定义域；

② 求一阶导数 $f'(x)$ ，令 $f'(x) = 0$ 求得驻点；

③ 用驻点将定义域分成若干个子区间，判断 $f'(x)$ 在各个区间内的正负号，然后确定函数 $y = f(x)$ 在相应区间内的单调性及在驻点处是否取得极值。

（3）一元可导函数凹凸性的判别法：设函数 $y = f(x)$ 在区间 (a, b) 内二阶可导，若

$f''(x) > 0 \ (<0)$，$x \in (a,b)$，则函数 $f(x)$ 在 (a,b) 内是凹（凸）弧。

求曲线凹凸区间的一般步骤：

① 确定函数 $y = f(x)$ 的定义域；

② 求二阶导数 $f''(x)$，令 $f''(x) = 0$，求根；

③ 用 $f''(x) = 0$ 的根将定义域分成若干个子区间，由 $f''(x)$ 在各个区间内的正负号确定曲线 $y = f(x)$ 在相应区间内的凹凸性。

（4）闭区间上连续函数最值的求法：

① 求出可导函数 $f(x)$ 在 (a,b) 内的所有驻点：$x_1, x_2, \cdots, x_n$；

② 求出 $f(x)$ 在驻点和区间端点处的函数值：$f(x_1), f(x_2), \cdots, f(x_n), f(a), f(b)$；

③ 比较各函数值的大小，其中最大的值就是函数 $f(x)$ 的最大值，最小的值就是函数 $f(x)$ 的最小值。

结论：若在某区间内，函数的极值点只有一个，则极大值点必为区间上的最大值点；极小值点必为区间上的最小值点。

3．洛必达法则（求 $\frac{0}{0}$ 型未定式的极限）如果 $f(x)$ 和 $g(x)$ 满足的条件

（1）$\lim\limits_{x \to x_0} f(x) = \lim\limits_{x \to x_0} g(x) = 0$；

（2）在点 x_0 及其左右附近可导，且 $g'(x) \neq 0$；

（3）$\lim\limits_{x \to x_0} \dfrac{f'(x)}{g'(x)} = A$（或 ∞），

则 $\lim\limits_{x \to x_0} \dfrac{f(x)}{g(x)} = \lim\limits_{x \to x_0} \dfrac{f'(x)}{g'(x)} = A$（或 ∞）。

说明：

① 将定理中的 $x \to x_0$ 换成 $x \to x_0^+$，$x \to x_0^-$，$x \to +\infty$，$x \to \infty$ 等，条件（2）作相应的修改，也有相同的结论；

② 定理中条件（1）换成 $\lim\limits_{x \to x_0} f(x) = \lim\limits_{x \to x_0} g(x) = \infty$，其他条件不变，结论仍成立；

③ 求 $0 \cdot \infty$，$\infty - \infty$，0^0，1^∞，∞^0 等未定式的极限，对于求这五种函数极限的方法是通过恒等变形，使其化为 $\frac{0}{0}$ 型或 $\frac{\infty}{\infty}$ 型未定式，再用洛必达法则求极限。

4．牛顿迭代法

设一元非线性函数 $f(x)$ 连续可微，x^* 是方程 $f(x) = 0$ 的实根，x_n 是某个迭代值，当 $f'(x_n) \neq 0$ 时，称 $x_{n+1} = x_n - \dfrac{f(x_n)}{f'(x_n)}$，$n = 0, 1, 2 \cdots$ 为牛顿迭代法。

【例题解析】

【例 1】思考下列问题。

① 若曲线 $y = f(x)$ 处处有切线，则 $y = f(x)$ 必处处可导。试问该命题是否正确？如不正确举出反例。

答：命题错误。例如，$y^2 = 2x$ 处处有切线，但在 $x = 0$ 处不可导。

② 若 $\lim\limits_{x \to a} \dfrac{f(x) - f(a)}{x - a} = A$ （ A 为常数），试判断下列命题是否正确？

a. $f(x)$ 在点 $x = a$ 处可导；　b. $f(x)$ 在点 $x = a$ 处连续；

c. $f(x) - f(a) = A(x - a) + o(x - a)$ 。

答：命题 a、b、c 全正确。

③ 试举出至少 4 个能用导数描述变化率的有实际意义的变量。

答：导数 $f'(x_0)$ 表示函数 $y = f(x)$ 的因变量 y 在 x_0 处相对于自变量 x 的变化率，在实际生活中，如，

a. 物体的密度是物体的质量对体积的变化率；

b. 边际成本是产品的总成本对产量的变化率；

c. 在化学反应中某物质的反应速度是其浓度对时间的变化率；

d. 速度是路程对时间的变化率；

e. 加速度是速度对时间的变化率。

④ 若 $f(x)$ 在点 x_0 处可导，$g(x)$ 在点 x_0 处不可导，则 $f(x) + g(x)$ 在点 x_0 处一定不可导。试问该命题是否正确？

答：命题正确。原因：若 $f(x) + g(x)$ 在点 x_0 处可导，由 $f(x)$ 在点 x_0 处可导知 $g(x) = [f(x) + g(x)] - f(x)$ 在点 x_0 处也可导，这与 $g(x)$ 在点 x_0 处不可导矛盾，所以命题正确。

⑤ $f'(x_0)$ 与 $[f(x_0)]'$ 有无区别？为什么？

答：$f'(x_0)$ 与 $[f(x_0)]'$ 有区别。因为 $f'(x_0)$ 表示 $f(x)$ 在 $x = x_0$ 处的导数；$[f(x_0)]'$ 表示对 $f(x)$ 在 $x = x_0$ 处的函数值求导，且结果为 0 。

⑥ 可导与可微有何关系？其几何意义分别表示什么？有何区别？

答：对于一元函数来说，$f(x)$ 在 x_0 处可导与可微均表示曲线 $y = f(x)$ 在 x_0 处存在切线，$f'(x_0)$ 表示切线的斜率，$\mathrm{d}f(x)\big|_{x = x_0}$ 表示切线纵坐标的改变量。

⑦ 画图说明闭区间上连续函数 $f(x)$ 的极大值与最值之间的关系。

答：图像如图 2-1 所示。

由图可知，函数 $f(x)$ 的极值与最值的关系为：$f(x)$ 的极值可能为最值，最值在极值点及边界点上的函数值中取得。

⑧ $f'(x)$ 的图像如图 2-2 所示，试根据该图像指出函数 $f(x)$ 本身拐点横坐标 x 的值。

答：拐点横坐标为 $x = x_3$ 与 $x = x_4$ 。

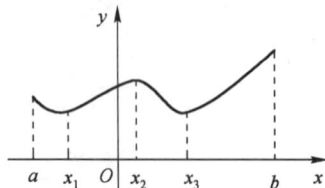

图 2-1

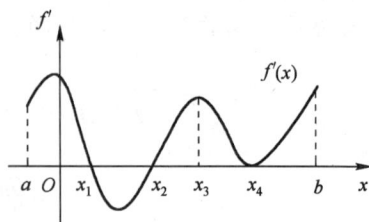

图 2-2

⑨ 用洛必达法则求极限时应注意什么？

答：应注意洛必达法则的三个条件必须同时满足。

【例 2】利用导数定义求函数 $y = \sqrt{x}$ 在 $x = 1$ 处的导数值。

解：$y' = \lim\limits_{x \to 1} \dfrac{f(x)-f(1)}{x-1} = \lim\limits_{x \to 1} \dfrac{\sqrt{x}-1}{x-1} = \lim\limits_{x \to 1} \dfrac{x-1}{(\sqrt{x}+1)(x-1)} = \dfrac{1}{2}$。

【类题】已知 $(\sin x)' = \cos x$，利用导数定义求极限 $\lim\limits_{x \to 0} \dfrac{\sin\left(\dfrac{\pi}{2}+x\right)-1}{x}$。

答案：0。

【例 3】利用幂函数的求导公式 $(x^{\mu})' = \mu x^{\mu-1}$ 分别求出下列函数的导数：

① x^{100}；② $x^{\frac{3}{8}}$；③ $x^3 \sqrt{x}$。

解：① $(x^{100})' = 100 x^{99}$；

② $\left(x^{\frac{3}{8}}\right)' = \dfrac{3}{8} x^{-\frac{5}{8}}$；

③ $(x^2 \sqrt{x})' = \left(x^{\frac{5}{2}}\right)' = \dfrac{5}{2} x^{\frac{3}{2}}$。

【例 4】一个物体的运动方程为 $s = t^3$，求该物体在 $t = 2$ 时的瞬时速度。

解：因为速度是路程对时间的变化率，所以 $s' = 3t^2$。

即该物体在 $t = 2$ 时的瞬时速度为 $s'|_{t=2} = 12$。

【类题】一个物体的运动速度为 $v = 2t^2 + 1$，求该物体在 $t = 1$ 时的瞬时加速度。

答案：$a = v'|_{t=1} = 4$。

【例 5】设曲线 $y = x^2$。① 求过 $(1,1)$ 点的曲线的切线方程；② 求过 $\left(\dfrac{5}{4}, 1\right)$ 点且与曲线相切的直线方程。

分析：本例中①、②题的条件是不一样的，① 题中点 $(1,1)$ 在曲线上，是切点，可直接求切线斜率。② 题中点 $\left(\dfrac{5}{4}, 1\right)$ 不在曲线上，不是切点，要先求切点。

解：① 点 $(1,1)$ 在曲线 $y = x^2$ 上，是切点。

因为 $y' = 2x$，所以在 $(1,1)$ 点处的切线的斜率为

$$k = y'|_{x=1} = 2 ，$$

所求切线方程为

$$y - 1 = 2(x-1) ，$$

即

$$y = 2x - 1 。$$

② 因为点 $\left(\dfrac{5}{4}, 1\right)$ 不在曲线 $y = x^2$ 上，所以先求曲线上的切点。

设经过点 $\left(\dfrac{5}{4}, 1\right)$ 的直线与曲线相切的点为 $M(x_0, y_0)$，因为 $M(x_0, y_0)$ 在曲线上，所以 $y_0 = x_0^2$，即切点可设为 $M(x_0, x_0^2)$，又因为 $y' = 2x$，所以过 $M(x_0, x_0^2)$ 点的切线斜率 $k = y'|_{x_0} = 2x_0$，所以过 $M(x_0, x_0^2)$ 点的切线方程为

$$y - x_0^2 = 2x_0(x - x_0)。$$

因为点 $\left(\dfrac{5}{4}, 1\right)$ 在过 M 点的切线上，所以有

$$1 - x_0^2 = 2x_0\left(\dfrac{5}{4} - x_0\right)，$$

由此可解出 $x_{01} = 2, x_{02} = \dfrac{1}{2}$，对应的 $y_{01} = 4, y_{02} = \dfrac{1}{4}$，得到两个切点 $(2, 4)$，$\left(\dfrac{1}{2}, \dfrac{1}{4}\right)$。

对应于切点 $(2, 4)$ 的切线斜率为 $k_1 = 4$，对应于切点 $\left(\dfrac{1}{2}, \dfrac{1}{4}\right)$ 的切线斜率为 $k_2 = 1$。

故过点 $\left(\dfrac{5}{4}, 1\right)$ 的切线方程为

$$y - 4 = 4(x - 2)，\quad 即 \ y = 4x - 4。$$

或

$$y - \dfrac{1}{4} = x - \dfrac{1}{2}，\quad 即 \ y = x - \dfrac{1}{4}。$$

【类题】设曲线 $y = \dfrac{1}{x}$。① 求过 $\left(3, \dfrac{1}{3}\right)$ 点的曲线的切线方程；② 求过 $(1, 0)$ 点且与曲线相切的直线方程。

答案：① $y = -\dfrac{x}{9} + \dfrac{2}{3}$；② $y = -4x + 4$。

【例6】求下列函数的导数。

① $y = \dfrac{x^5 + \sqrt{x} + 1}{x^3}$，求 y'；

② $y = x^3 \cos x + 3\sin x + \tan\dfrac{\pi}{3}$，求 $\dfrac{\mathrm{d}y}{\mathrm{d}x}$；

③ $y = \dfrac{x\ln x}{1 + x^2}$，求 $\dfrac{\mathrm{d}y}{\mathrm{d}x}$，$\dfrac{\mathrm{d}y}{\mathrm{d}x}\Big|_{x=1}$。

解：① 先化简，$y = x^2 + x^{-\frac{5}{2}} + x^{-3}$，

再求导，

$$y' = \left(x^2 + x^{-\frac{5}{2}} + x^{-3}\right)' = 2x - \dfrac{5}{2}x^{-\frac{7}{2}} - 3x^{-4}。$$

② 注意 $\tan\dfrac{\pi}{3}$ 是常数，其导数为 0。

$$\dfrac{\mathrm{d}y}{\mathrm{d}x} = \left(x^3\cos x + 3\sin x + \tan\dfrac{\pi}{3}\right)' = (x^3)'\cos x + x^3(\cos x)' + (3\sin x)' + \left(\tan\dfrac{\pi}{3}\right)'$$

$$= 3x^2\cos x - x^3\sin x + 3\cos x。$$

③ $\dfrac{\mathrm{d}y}{\mathrm{d}x} = \left(\dfrac{x\ln x}{1 + x^2}\right)' = \dfrac{(x\ln x)'(1 + x^2) - x\ln x(1 + x^2)'}{(1 + x^2)^2}$

$$= \frac{(\ln x + 1)(1 + x^2) - 2x^2 \ln x}{(1 + x^2)^2} = \frac{\ln x + 1 + x^2 - x^2 \ln x}{(1 + x^2)^2} ,$$

$$\left. \frac{dy}{dx} \right|_{x=1} = \frac{1}{2} 。$$

【类题】① $y = \dfrac{5x^3 + 2x - \sqrt{x}}{x}$ 求 y'；② $y = \sqrt[3]{x} e^x + 2^x \ln x$，求 $\dfrac{dy}{dx}$；

③ $y = \dfrac{\sin x}{\sin x + \cos x}$，求 $\dfrac{dy}{dx}$，$\left. \dfrac{dy}{dx} \right|_{x=\frac{\pi}{2}}$。

答案：① $y' = 10x + \dfrac{1}{2} x^{-\frac{3}{2}}$；② $\dfrac{dy}{dx} = e^x(\dfrac{1}{3} x^{-\frac{2}{3}} + x^{\frac{1}{3}}) + 2^x(\ln 2 \ln x + \dfrac{1}{x})$；

③ $\dfrac{dy}{dx} = \dfrac{1}{(\sin x + \cos x)^2}$，$\left. \dfrac{dy}{dx} \right|_{x=\frac{\pi}{2}} = 1$。

【例 7】求下列复合函数的导数。

① $y = 4^{\sin x}$；　　　　　　　② $y = \ln \tan x$；

③ $y = \arctan^2 \dfrac{1}{x}$；　　　　　④ $y = \sqrt{x^2 - 2x + 5}$；

⑤ $y = \ln\left(x + \sqrt{x^2 - a^2}\right)$；　　⑥ $y = \cos^2 x + 2\cos 2x$。

解：① $y' = \left(4^{\sin x}\right)' = 4^{\sin x} \ln 4 \cos x$；

② $y' = \left(\ln \tan x\right)' = \dfrac{\sec^2 x}{\tan x} = \dfrac{1}{\sin x \cos x}$；

③ $y' = \left(\arctan^2 \dfrac{1}{x}\right)' = 2\arctan \dfrac{1}{x}\left(\arctan \dfrac{1}{x}\right)' = 2\arctan \dfrac{1}{x} \dfrac{1}{1 + \dfrac{1}{x^2}}\left(\dfrac{1}{x}\right)'$

$\qquad = -\dfrac{2}{1 + x^2}\arctan \dfrac{1}{x}$；

④ $y' = \left(\sqrt{x^2 - 2x + 5}\right)' = \dfrac{(x^2 - 2x + 5)'}{2\sqrt{x^2 - 2x + 5}} = \dfrac{x - 1}{\sqrt{x^2 - 2x + 5}}$；

⑤ $y' = \left[\ln\left(x + \sqrt{x^2 - a^2}\right)\right]' = \dfrac{(x + \sqrt{x^2 - a^2})'}{x + \sqrt{x^2 - a^2}} = \dfrac{1 + \dfrac{x}{\sqrt{x^2 - a^2}}}{x + \sqrt{x^2 - a^2}} = \dfrac{1}{\sqrt{x^2 - a^2}}$；

⑥ $y' = \left(\cos^2 x + 2\cos 2x\right)' = (\cos^2 x)' + (2\cos 2x)' = 2\cos x(-\sin x) - 4\sin 2x$

$\qquad = -5\sin 2x$。

说明：

① 在复合函数求导时，必须搞清函数的复合关系，在求导时要注意是对中间变量求导，还是对自变量求导；

② 在对多重复合函数求导时，要从外层到里层，一层一层地求导，不要漏掉一层；

③ 当所给的函数既有四则运算又有复合运算时，应根据所给的函数的表达式决定是先用四则运算，还是先用复合运算的求导法则。

【类题】① $y=\sqrt{2x-1}$ ；　　　　　② $y=a^{\cos 3x}$ ；

③ $y=\sqrt[3]{1+\ln^2 x}$ ；　　　　　④ $y=\ln\tan\dfrac{x}{2}$ ；

⑤ $y=\arcsin x^2+\sin 2x$ 。

答案：① $y'=\dfrac{1}{\sqrt{2x-1}}$ ；　　　② $y'=-3a^{\cos 3x}\ln a\sin 3x$ ；

③ $y'=\dfrac{2}{3}\dfrac{1}{x}(1+\ln^2 x)^{-\frac{2}{3}}\ln x$ ；　　④ $y'=\dfrac{1}{\sin x}$ ；

⑤ $y'=\dfrac{2x}{\sqrt{1-x^4}}+2\cos 2x$ 。

【例8】设 $y=f(u),u=\sin x^2$ ，求 $\dfrac{\mathrm{d}y}{\mathrm{d}x}$ 。

解：$\dfrac{\mathrm{d}y}{\mathrm{d}x}=f'(u)\cdot 2x\cdot\cos x^2$ 。

【类题】设 $y=f(1-\cos x)$ ，求 $\dfrac{\mathrm{d}y}{\mathrm{d}x}$ 。

答案：$\dfrac{\mathrm{d}y}{\mathrm{d}x}=f'(1-\cos x)\cdot\sin x$ 。

说明：注意符号 $f'(1-\cos x)$ 是对中间变量求导，而 $\left[f(1-\cos x)\right]'$ 是对自变量 x 求导。

【例9】① $y=\ln\left(x+\sqrt{x^2-a^2}\right)$ ，求 y'' ；② $y=(1+x^2)\arctan x$ ，求 y'' ；

③ $y=2x^3-4x^2+3x-5$ ，求 y''' ，$y^{(4)}$ ，$y^{(n)}$ 。

解：① $y'=\left[\ln\left(x+\sqrt{x^2-a^2}\right)\right]'=\dfrac{(x+\sqrt{x^2-a^2})'}{x+\sqrt{x^2-a^2}}=\dfrac{1+\dfrac{x}{\sqrt{x^2-a^2}}}{x+\sqrt{x^2-a^2}}=\dfrac{1}{\sqrt{x^2-a^2}}$ ；

$y''=\left(\dfrac{1}{\sqrt{x^2-a^2}}\right)'=\left[(x^2-a^2)^{-\frac{1}{2}}\right]'=-\dfrac{1}{2}(x^2-a^2)^{-\frac{3}{2}}\cdot 2x=-\dfrac{x}{\sqrt{(x^2-a^2)^3}}$ 。

② $y'=2x\arctan x+1$ ，$y''=2\arctan x+\dfrac{2x}{1+x^2}$ ；

③ $y'=6x^2-8x+3$ ，$y''=12x-8$ ，$y'''=12$ ，

$$y^{(4)}=0 ， y^{(n)}=0 。$$

说明：在求高阶导数时，应注意对低阶导数化简后，再求高阶导数，这样可使计算简化。

【类题】① $y=\cos x+\tan x$ ，求 y'' ；② $y=\mathrm{e}^x\cos x$ ，求 y'' ；

③ $y=a_0x^n+a_1x^{n-1}+\cdots a_{n-1}x+a_n$ ，（n 为正整数），求 $y^{(n)}$ ，$y^{(n+1)}$ 。

答案：① $y'=-\sin x+\sec^2 x$ ，$y''=-\cos x+2\sec^2 x\tan x$ ；

② $y'=\mathrm{e}^x(\cos x-\sin x)$ ，$y''=-2\mathrm{e}^x\sin x$ ；

③ $y^{(n)}=a_0 n!$ ，$y^{(n+1)}=0$ 。

【例10】求函数 $y=x\ln x-x^2$ 的微分 $\mathrm{d}y$ 及 $\mathrm{d}y\big|_{x=1}$ 。

解：$y'=\ln x+1-2x$ ，

$dy = (\ln x + 1 - 2x)dx$ ，

$dy\big|_{x=1} = -dx$ 。

【类题】 $y = x \arctan \sqrt{x}$ ，求 dy 。

答案： $dy = \left[\arctan \sqrt{x} + \dfrac{\sqrt{x}}{2(1+x)} \right] dx$ 。

【例 11】在括号内填入适当的函数，使得下列等式成立：

① $d(\underline{\qquad}) = e^{2x}dx$ ；② $d(\underline{\qquad}) = \dfrac{dx}{1+x}$ ；

③ $d\left(\dfrac{1}{2} \ln^2 x \right) = (\underline{\qquad})dx$ 。

解： ① $\dfrac{1}{2}e^{2x} + C$ ；

② $\ln(1+x) + C$ ；

③ $\dfrac{\ln x}{x}$ 。

【例 12】讨论函数 $y = e^{-x^2}$ 的单调性、极值和极值点。

解：定义域为 $(-\infty, +\infty)$ ，

$$y' = -2xe^{-x^2} ,$$

令 $y' = 0$ ，解得驻点 $x = 0$ 。

列表（见表 2-1）：

表 2-1

x	$(-\infty, 0)$	0	$(0, +\infty)$
y'	+	0	−
y	↗	极大值	↘

因此， $y = e^{-x^2}$ 在 $(-\infty, 0)$ 上单调递增，在 $(0, +\infty)$ 上单调递减。

$y = e^{-x^2}$ 的极大值点为 $x = 0$ ，极大值为 $y\big|_{x=0} = 1$ 。

说明：极值点是指函数 $f(x)$ 达到极值时的横坐标点。如 $f(x)$ 在点 $x = x_0$ 处达到极值，则称点 x_0 为函数 $f(x)$ 的极值点。

【类题】求函数 $y = x^3 - 2x^2 + x + 2$ 的单调区间、极值和极值点。

答案：单调递增区间为 $(-\infty, \dfrac{1}{3}), (1, +\infty)$ ，单调递减区间为 $(\dfrac{1}{3}, 1)$ ；

$y = x^3 - 2x + x + 2$ 的极小值点为 $x = 1$ ，极小值为 $y\big|_{x=1} = 2$ ，

极大值点为 $x = \dfrac{1}{3}$ ，极小值为 $y\big|_{x=\frac{1}{3}} = \dfrac{58}{27}$ 。

【例 13】求曲线 $y = 10 + 5x^2 + \dfrac{10}{3}x^3$ 的凹凸区间与拐点。

解：定义域为 $(-\infty, +\infty)$ ，

$$y' = 10x + 10x^2, \qquad y'' = 10 + 20x,$$

令 $y'' = 0$，解得 $x = -\dfrac{1}{2}$。

列表（见表 2-2）：

表 2-2

x	$\left(-\infty, -\dfrac{1}{2}\right)$	$-\dfrac{1}{2}$	$\left(-\dfrac{1}{2}, +\infty\right)$
y''	$-$	0	$+$
y	$\cap$	拐点	$\cup$

曲线的凹区间为 $\left(-\dfrac{1}{2}, +\infty\right)$，凸区间为 $\left(-\infty, -\dfrac{1}{2}\right)$，拐点为 $\left(-\dfrac{1}{2}, \dfrac{65}{6}\right)$。

【类题】求曲线 $y = xe^x$ 的凹凸区间与拐点。

答案：曲线的凹区间为 $(-2, +\infty)$，凸区间为 $(-\infty, -2)$，拐点为 $(-2, -2e^{-2})$。

说明：拐点为曲线 $y = f(x)$ 上的点 $[x_0, f(x_0)]$，需用横、纵坐标来表示。

【例 14】曲线 $y = ax^3 + bx^2 + cx + d$ 过原点，在点 $(1,1)$ 处有水平切线，且点 $(1,1)$ 是该曲线的拐点，求 a, b, c, d。

解：曲线过原点，则 $y|_{x=0} = 0$；曲线在点 $(1,1)$ 处有水平切线，则 $y'|_{x=1} = 0$；点 $(1,1)$ 是该曲线的拐点，则 $y''|_{x=1} = 0$，且 $y|_{x=1} = 1$。利用这些条件得到下列方程组

$$\begin{cases} (ax^3 + bx^2 + cx + d)\big|_{x=0} = 0, \\ (3ax^2 + 2bx + c)\big|_{x=1} = 0, \\ (6ax + 2b)\big|_{x=1} = 0, \\ (ax^3 + bx^2 + cx + d)\big|_{x=1} = 1, \end{cases} \quad \text{即} \quad \begin{cases} d = 0, \\ 3a + 2b + c = 0, \\ 6a + 2b = 0, \\ a + b + c + d = 1, \end{cases}$$

解得 $a = 1, \ b = -3, \ c = 3, \ d = 0$。

【类题】设 $f(x) = ax + b\arccos x$，已知 $f(0) = \pi$，在点 $(0, \pi)$ 处曲线有水平切线，且点 $(0, \pi)$ 是曲线的拐点，试确定 a, b。

答案：$a = 2, \ b = 2$。

【例 15】求下列函数在给定区间上的最大值与最小值。

① $y = x + \sqrt{1-x}$，$[-5, 1]$；　　② $y = x^5 - 5x^4 + 5x^3 + 1$，$[-1, 2]$。

分析：函数 $f(x)$ 的极值与最值的关系为：$f(x)$ 的极值可能为最值，最值在极值点及边界点上的函数值中取得。

解：① $y' = 1 - \dfrac{1}{2\sqrt{1-x}}$，

令 $y' = 0$，得驻点 $x = \dfrac{3}{4}$。

计算　$y\left(\dfrac{3}{4}\right) = \dfrac{5}{4}$，$y(-5) = \sqrt{6} - 5$，$y(1) = 1$，

比较可得 $y = x + \sqrt{1-x}$ 在 $[-5, 1]$ 上最大值为 $y = \dfrac{5}{4}$，最小值为 $y = \sqrt{6} - 5$。

② $y' = 5x^4 - 20x^3 + 15x^2$,

令 $y' = 0$ ，得 $x = 0,\ x = 1,\ x = 3$ （舍去）。

计算 $y(-1) = -10$ ， $y(0) = 1$ ， $y(1) = 2$ ， $y(2) = -7$ ，

比较可得 $y = x^5 - 5x^4 + 5x^3 + 1$ 在 $[-1,\ 2]$ 上最大值为 $y = 2$ ，最小值 $y = -10$ 。

说明：求闭区间上的最值时，求出驻点后，应判定其是否属于给定的闭区间。

【类题】求 $y = \dfrac{x-1}{x+1}$ 在 $[0,\ 4]$ 上的最大值与最小值。

答案：最大值为 $y = \dfrac{3}{5}$ ，最小值 $y = -1$ 。

【例 16】利用洛必达法则求下列极限：

① $\lim\limits_{x \to 0} \dfrac{x^4 - 3x^2 + 2x - \sin x}{x^4 - x}$ ；② $\lim\limits_{x \to 0^+} x^x$ ；③ $\lim\limits_{x \to 0} (1+x)^{\frac{1}{x}}$ 。

解：① $\lim\limits_{x \to 0} \dfrac{x^4 - 3x^2 + 2x - \sin x}{x^4 - x} = \lim\limits_{x \to 0} \dfrac{4x^3 - 6x + 2 - \cos x}{4x^3 - 1} = \dfrac{2-1}{0-1} = -1$ ；

② $\lim\limits_{x \to 0^+} x^x = \lim\limits_{x \to 0^+} e^{\ln x^x} = e^{\lim\limits_{x \to 0^+} \frac{\ln x}{\frac{1}{x}}} = e^{\lim\limits_{x \to 0^+} (-x)} = 1$ ；

③ $\lim\limits_{x \to 0} (1+x)^{\frac{1}{x}} = \lim\limits_{x \to 0} e^{\ln(1+x)^{\frac{1}{x}}} = e^{\lim\limits_{x \to 0} \frac{\ln(1+x)}{x}} = e^{\lim\limits_{x \to 0} \frac{1}{x+1}} = e$ 。

【类题】① $\lim\limits_{x \to 0} \dfrac{e^x - e^{-x}}{x}$ ；② $\lim\limits_{x \to \infty} \dfrac{\ln\left(1 + \dfrac{1}{x}\right)}{\operatorname{arc\,cot} x}$ ；

③ $\lim\limits_{x \to 0}\left(\dfrac{1}{x} - \dfrac{1}{e^x - 1}\right)$ ；④ $\lim\limits_{x \to 0}(1 + \sin x)^{\frac{1}{x}}$ 。

答案：① 2；② 1；③ $\dfrac{1}{2}$ ；④ e 。

【例 17】设某产品的总成本函数和总收入函数分别为

$$C(x) = 3 + 2\sqrt{x} , \qquad R(x) = \dfrac{5x}{x+1} ,$$

其中， x 为该产品的销售量，求该产品的边际成本、边际收入和边际利润。

解：边际成本 $C'(x) = \dfrac{1}{\sqrt{x}}$ ，

边际收入 $R'(x) = \dfrac{5}{(x+1)^2}$ ，

总利润 $L(x) = R(x) - C(x) = \dfrac{5x}{x+1} - 3 - 2\sqrt{x}$ ，

边际利润 $L'(x) = \dfrac{5}{(x+1)^2} - \dfrac{1}{\sqrt{x}}$ 。

【类题】设某产品的产量为 $x\,\text{kg}$ 时的总成本函数为 $C = 200 + 2x + 6\sqrt{x}$ （元），求① 产量为 100kg 的总成本是多少？② 求该产品的边际成本。

答案：① 460；② $C' = 2 + \dfrac{3}{\sqrt{x}}$ 。

【例 18】设某商家销售某种商品的价格满足关系 $P(x) = 7 - 0.2x$（万元/吨），商品的成本函数为 $C(x) = 3x + 1$（万元），

其中，x 为销售量。每销售 1t，政府要征税 2（万元），求该商家利润最大时的销售量。

解：总利润为 $L(x) = xP(x) - C(x) - 2x = 7x - 0.2x^2 - 3x - 1 - 2x = -0.2x^2 + 2x - 1$

$$L'(x) = -0.4x + 2 = 0，$$

解得驻点：$x = 5$（唯一），

因为驻点唯一，由实际问题可知，最大值存在，所以此驻点一定是最大值点。因此当 $x = 5\,t$ 时，商家利润最大。

【类题】某厂生产某种产品，年产量为 x（百台），固定成本为 2 万元，每生产 100 台成本增加 1 万元。销售 x 百台产品总收入函数 $R(x) = 4x - \dfrac{1}{2}x^2$。求利润函数，边际收入函数，边际成本函数，以及企业获得最大利润的产量和最大利润。

答案：利润函数　$L(x) = 3x - \dfrac{1}{2}x^2 - 2$；

边际收入函数　$R'(x) = 4 - x$；

边际成本函数　$C'(x) = 1$；

每年生产 300 台产量时总利润最大，最大利润为 2.5 万元。

【例 19】一长方形土地，其一边沿着一条河，相邻一边沿着公路。除沿河的一边不需要篱笆外，其他三边均需要修筑篱笆。沿公路的一边篱笆的造价为 15 元/米，另两边的篱笆造价为 10 元/米。现需围长方形土地的面积为 1 600 000 m²，试问如何设计篱笆的尺寸，才能使篱笆的造价成本最低？

解：设沿公路的一边篱笆的长为 x 米，另一边的篱笆的长为 y 米，篱笆的造价为 z，则

$$z = 15x + 10x + 10y，$$

由条件 $xy = 1600000$，解得 $y = \dfrac{1600000}{x}$，代入上式得

$$z = 25x + \dfrac{16000000}{x} \quad (x > 0)，$$

令 $z'_x = 25 - \dfrac{16000000}{x^2} = 0$，解得驻点 $x = 800$（唯一），

因为驻点唯一，由实际问题可知，最大值存在，所以此驻点一定是最大值点。因此当篱笆边长为 800m 和 2 000m 时，篱笆的造价成本最低。

【类题】要造一个长方体无盖蓄水池，其容积为 500m³，底面为正方形。设底面与四壁所使用材料的单位造价相同，问底边和高为多少米时，才能使所用材料费最省。

答案：底边为 10m，高为 5m。

【例 20】用牛顿迭代法求方程 $f(x) = xe^x - 1 = 0$ 的根。

解：$f'(x) = e^x + xe^x = 0$，

牛顿迭代公式为　$x_{n+1} = x_n - \dfrac{f(x_n)}{f'(x_n)} = x_n - \dfrac{x_n e^{x_n} - 1}{e^{x_n} + x_n e^{x_n}} = x_n - \dfrac{x_n - e^{-x_n}}{1 + x_n}, n = 0, 1, 2 \cdots$

取初始值 $x_0 = 0.5$，

n	0	1	2	3	4
x_n	0.5	0.571020440	0.567155569	0.567143291	0.567143290

故 $x^* \approx x_4 = 0.567143290$。

【类题】用牛顿迭代法求方程 $f(x) = x - \cos x = 0$ 的根。

答案：$x^* \approx x_4 = 0.739085133$。

【基础知识试题】

一、填空题

1. 设 $y = x^2 2^x + e^{\sqrt{2}}$，则 $y' = $ _____。

2. 设 $y = e^{\sin x}$，则 $dy = $ _____。

3. $y = \cos(e^{-x})$，则 $y'(0) = $ _____。

4. 设 $f(x) = \sin x + \ln x$，则 $f''(1) = $ _____。

5. $y = x^2 + e^x + \arcsin x + \ln 3$，则 $\dfrac{dy}{dx} = $ _____。

6. 曲线 $y = \arctan x$ 在 $x = 1$ 点处的切线方程为 _____。

7. 若 $f(x)$ 在 $[a,b]$ 上连续，在 (a,b) 上可导，且 $f'(x) < 0$，则 $f(x)$ 在 $[a,b]$ 上的最大值为 _____，最小值为 _____。

8. $d\left(\cos x + \dfrac{1}{x}\right) = ($ _____ $)dx$，$\dfrac{1}{x}dx = d($ _____ $)$。

9. 一物体按规律 $s = \dfrac{1}{4}t^4 - 4t^3 + 16t^2$ 作直线运动，则它在时刻 $t = 1$ 时的加速度 $a = $ _____。

10. 已知 $y = f(x)$ 曲线在 $(1,1)$ 处有一条水平切线，则 $f'(1) = $ _____。

二、选择题

1. 函数 $f(x) = x^2 \ln x$，则 $f'(x) = ($ $)$。

A. $2x\ln x$ B. x C. $x(2\ln x + 1)$ D. 2

2. $d(\quad) = e^{x^2}d(x^2)$。

A. $2e^{x^2}$ B. $2xe^{x^2}$ C. $2xe^{x^2} + c$ D. e^{x^2}

3. 若 $y = x^{12} - \dfrac{1}{16}x^9 - x^4 + 34$，则 $\left.\dfrac{d^4 y}{dx^4}\right|_{x=0} = ($ $)$。

A. 34   B. -1 C. 0   D. -24

4. 曲线 $y = f(x)$ 在 x_0 处切线存在，是 $f'(x_0)$ 存在的 $($ $)$。

A. 充分条件   B. 必要条件   C. 充分必要条件   D. 无关条件

5. 设 $y = \arctan\dfrac{x}{2}$，则 $dy = ($ $)$。

A. $\sec^2\dfrac{x}{2}dx$ B. $\dfrac{1}{2}\sec^2\dfrac{x}{2}dx$ C. $\dfrac{4}{4+x^2}dx$ D. $\dfrac{2}{4+x^2}dx$

6. 设函数 $f(x)$ 是奇函数，且处处可导，则 $f'(x)$ 是 $($ $)$。

A. 奇函数   B. 偶函数

C. 既是奇函数又是偶函数　　　　　　D. 非奇非偶函数

7. 下面结论正确的是 (　　)。

A. x_0 是 $f(x)$ 的驻点，则一定是 $f(x)$ 的极值点

B. x_0 是 $f(x)$ 的极值点，则一定是 $f(x)$ 的驻点

C. $f(x)$ 在 x_0 处可导，则一定在 x_0 处连续

D. $f(x)$ 在 x_0 处连续，则一定在 x_0 处可导

8. 函数在点 x_0 处连续是在该点可微的 (　　)。

A. 充分条件　　　　　　　　　　B. 必要条件

C. 充分必要条件　　　　　　　　D. 既非充分条件又非必要条件

9. 函数 $y = \arctan x - x$ 在区间 $[1, +\infty)$ 上 (　　)。

A. 最小值是 0　　　　　　　　　B. 最大值是 0

C. 最小值是 $\dfrac{\pi}{4} - 1$　　　　　　D. 最大值是 $\dfrac{\pi}{4} - 1$

10. 极限 $\lim\limits_{x \to 1} \dfrac{\ln x}{1 - x} = ($ 　　 $)$。

A. -1　　　　　　B. 0　　　　　　C. 1　　　　　　D. ∞

三、计算题

1. $y = (\sqrt{x} + 1)\arctan x + \cos 5$，求 y'；

2. $y = (1 + \ln x)^5$，求 $\mathrm{d}y$；

3. $y = \tan 2x$，求 y''；

4. $y = \dfrac{\mathrm{e}^{2x}}{x}$，求 $y'(1)$；

5. $\lim\limits_{x \to +\infty} \dfrac{\dfrac{\pi}{2} - \arctan x}{\dfrac{1}{x}}$。

四、解答题

1. 求函数 $f(x) = x^3 - 6x^2 + 9x$ 的单调区间与极植。

2. 判断曲线 $y = x^4 - 2x^3$ 的凹凸性和拐点。

3. 求 $f(x) = x^2 + x$ 在 $[-1, 1]$ 上的最大值与最小值。

4. 试确定 a, b, c 的值，使 $f(x) = x^3 + ax^2 + bx + c$ 在点 $(-1, 1)$ 处为拐点，且在 $x = 0$ 处有极小值，并求此函数的极大值。

五、应用题

1. 有一 8cm×5cm 的长方形厚纸，在各角剪去相同的小正方形，把四角折成一个无盖的盒子。要使纸盒的容积为最大，问剪去的小正方形的边长应为多少？

2. 某房地产公司拥有 50 套公寓要出租，当租金定位为每月 1 800 元时，公寓可全部租出。当租金每月增加 100 元时，公寓就会少租出一套，而租出去的房子每月需花费 200 元的整修维护费。请你为公司的月租金定价，使得公司的收益最大？

【基础知识试题答案】

一、填空题

1. $y' = 2^x(2x + x^2 \ln 2)$ ；   2. $dy = e^{\sin x} \cos x \, dx$ ；

3. $y'(0) = \sin 1$ ；   4. $f''(1) = -(\sin 1 + 1)$ ；

5. $\dfrac{dy}{dx} = 2x + e^x + \dfrac{1}{\sqrt{1-x^2}}$ ；   6. $y = \dfrac{1}{2}x + \dfrac{\pi - 2}{4}$ ；

7. $f(a), f(b)$ ；   8. $\left(-\sin x - \dfrac{1}{x^2}\right)dx$， $d(\ln x + c)$ ；

9. $a = 11$ ；   10. $f'(1) = 0$ 。

二、选择题

1. C；2. D；3. D；4. B；5. D；6. B；7. C；8. B；9. D；10. A。

三、计算题

1. $y'(x) = \dfrac{1}{2\sqrt{x}} \arctan x + (\sqrt{x} + 1)\dfrac{1}{1+x^2}$ ；

2. $y' = \dfrac{5(1+\ln x)^4}{x}$ ； $dy = \dfrac{5(1+\ln x)^4}{x} dx$ ；

3. $y' = 2\sec^2 2x$ ； $y''(x) = 8\sec^2 2x \tan 2x$ ；

4. $y'(1) = e^2$ ；   5. 1 。

四、解答题

1. 单增区间 $(-\infty, 1)$，$(3, +\infty)$，单减区间 $(1, 3)$，极大值 $f(1) = 4$，极小值 $f(3) = 0$ 。

2. 函数的凸区间为 $(0, 1)$；凹区间为 $(-\infty, 0)(1, +\infty)$；拐点坐标为 $(0, 0), (1, -1)$ 。

3. 最大值是 $f(1) = 2$，最小值是 $f\left(-\dfrac{1}{2}\right) = -\dfrac{1}{4}$ 。

4. 极小值 $f(-2) = 3$（提示：$a = 3$，$b = 0$，$c = -1$ ）。

五、应用题

1. 截去的小方块的边长等于 $1\,\text{cm}$ 时，纸盒的容积最大。

2. 公司的月租金为 $3\,500$ 元/月时，公司的收益最大。

【能力提高试题】

一、填空题

1. 设 $y = \sin(3^x)$，则 $dy = $ _____。

2. 设函数 $f(x) = (1 + x^2)\arctan e^x$，则 $f'(0) = $ _____。

3. 设函数 $f(x)$ 在 $x = 2$ 处可导，且 $\lim\limits_{x \to 2} f(x) = 3$，则 $f(2) = $ _____。

4. 设 $f(x) = a^x$，则 $f^n(x) = $ _____。

5. $\lim\limits_{x \to \infty} x\left(e^{\frac{1}{x}} - 1\right) = $ _____。

6. 设函数 $f(x)$ 在 x_0 处可导，且 x_0 是函数的极值点，则曲线 $y = f(x)$ 在点 $[x_0, f(x_0)]$ 处的切线方程为_____。

7. 函数 $f(x) = e^x - x$ 在 $[0, 2]$ 上的最大值为_____。

8. 函数 $f(x) = \sin x$，$g(x) = e^{2x}$ 则 $f'(x) = $ _____，$f'[g(x)] = $ ___，$\dfrac{df[g(x)]}{dx} = $ _____。

9. 设 $f(x) = a_0 x^n + a_1 x^{n-1} + \cdots a_{n-1} x + a_n$，则 $\left[f(0)\right]'$ _____。

10. 设 $x_1 = 1$，$x_2 = 2$ 都是函数 $y = a\ln x + bx^2 + 3x$ 的极值点，则 $a = $ _____，$b = $ _____。

11. 写出 $f(x) = x^3 - 3x - 1 = 0$ 的牛顿迭代公式_____。

二、选择题

1. 设函数 $f(x)$ 在 $x = 2$ 处可导，且 $f'(2) = 1$ 则 $\lim\limits_{h \to 0} \dfrac{f(2+h) - f(2-h)}{2h} = $ ( )。

A. -1 B. 1 C. -2 D. 2

2. $f'(\cos^2 x) = \sin^2 x$，且 $f(0) = 0$，则 $f(x) = $ ( )。

A. $\cos x + \dfrac{1}{2}\cos^2 x$ B. $\cos^2 x - \dfrac{1}{2}\cos^4 x$ C. $x + \dfrac{1}{2}x^2$ D. $x - \dfrac{1}{2}x^2$

3. 直线 L 与 x 轴平行，且与曲线 $y = x - e^x$ 相切，则切点坐标为 ( )。

A. $(1, 1)$ B. $(-1, 1)$ C. $(0, -1)$ D. $(0, 1)$

4. 设函数 $y = f(x)$ 在 x_0 处可导，且 $f'(x_0) = 1$，则曲线 $y = f(x)$ 在点 $[x_0, f(x_0)]$ 处的切线为 ( )。

A. 与 x 轴平行   B. 与 x 轴垂直
C. 与 x 轴正向的夹角是锐角   D. 与 x 轴正向的夹角是钝角。

5. 若 $f(x)$ 为可微分函数，当 $\Delta x \to 0$ 时，则在点 x 处的 $\Delta y - dy$ 是关于 Δx 的 ( )。

A. 高阶无穷小   B. 低阶无穷小   C. 等价无穷小   D. 不可比较

6. 设函数 $f(x) = x(x+1)(x+2)\cdots(x+100)$，则 $f'(0) = $ ( )。

A. $100!$ B. $101!$ C. $99!$ D. 0

7. 设 $y = f(x)$，$x = e^t$，则 $\dfrac{d^2 y}{d^2 t} = $ ( )。

A. $e^{2t} f''(x)$ B. $x^2 f''(x) + x f'(x)$
C. $e^t f''(x)$ D. $x f''(x) + x f'(x)$

8. 若 x_0 为函数 $y = f(x)$ 的极值，则下列命题正确的是 ( )。

A. $f'(x_0) = 0$ B. $f'(x_0) \neq 0$
C. $f'(x_0)$ 不存在   D. $f'(x_0) = 0$ 或 $f'(x_0)$ 不存在

9. 若在 (a, b) 内，$f'(x) > 0, f''(x) < 0$ 则 $f(x)$ 在 (a, b) 内 ( )。

A. 单调减，凸的   B. 单调减，凹的
C. 单调增，凸的   D. 单调增，凹的

10. 曲线 $y = e^{-x^2}$ ( )。

A. 没有拐点   B. 有一个拐点   C. 有两个拐点   D. 有三个拐点

11. 设当 $x \to 0$ 时，$\mathrm{e}^x - (ax^2 + bx + 1)$ 是比 x^2 高阶的无穷小，则（　　）。

A. $a = \dfrac{1}{2}, b = 1$　　　　　　　　　　B. $a = 1, b = 1$

C. $a = -\dfrac{1}{2}, b = 1$　　　　　　　　　D. $a = -1, b = 1$

12. 若函数 $f(x) = x^3 + ax^2 + bx + a^2$ 在 $x = 1$ 时取极值为 10，则（　　）。

A. $a = -3, b = -3$　　　　　　　　　　B. $a = 4, b = -11$

C. $a = 3, b = -3$　　　　　　　　　　D. $a = -4, b = 11$

三、计算题

1. $y = 3x^2 + \dfrac{1}{\sqrt{x^3}} - \sqrt{x\sqrt{x\sqrt{x}}}$，求 y'；　　2. $y = \mathrm{e}^{-\frac{x}{2}} \cos\sqrt{3x}$，求 $\mathrm{d}y$；

3. $f(x) = \ln\sqrt{\dfrac{(1-x)\mathrm{e}^x}{\arccos x}}$，求 $f'(0)$；　　4. 已知 $y^{(n-2)} = \dfrac{x}{\ln x}$，求 $y^{(n)}$；

5. 求极限 $\lim\limits_{x \to 0^+} \dfrac{\ln \cot x}{\ln x}$。

四、解答题

1. 求函数 $f(x) = x - \ln(1 + x^2)$ 的单调区间与极值。

2. 判断曲线 $y = x^3 + 3x^2 - x - 1$ 的凹凸性和拐点。

3. 设函数 $y = x^3 + 3ax^2 + 3bx + c$ 在 $x = 2$ 处有极值，其图形在 $x = 1$ 处的切线与直线 $6x + 2y + 5 = 0$ 平行。试问极大值比极小值大多少？

五、应用题

1. 要设计一个容积为 $V = 20\pi \ \mathrm{m}^3$ 的有盖圆柱形储油桶，已知上盖单位面积造价是侧面的一半，而侧面单位面积的造价又是底面的一半，问储油桶半径 r 为多少时，总造价最低？

2. 据纽约市隧道局的一份调查工作显示，通过隧道的车流量（辆/秒）与平均车速（km/h）具有下面的关系

$$f(v) = \dfrac{35v}{1.6v + \dfrac{v^2}{22} + 22}$$

（1）问平均车速多大时，车流量最大？

（2）最大车流量是多少？

【能力提高试题答案】

一、填空题

1. $\mathrm{d}y = (3^x \ln 3 \cos 3^x)\mathrm{d}x$；　2. $f'(0) = \dfrac{1}{2}$；　3. $f(2) = 3$；　4. $f^n(x) = a^x(\ln a)^n$；

5. 1；6. $y = f(x_0)$；7. $\mathrm{e}^2 - 2$；8. $f'(x) = \cos x$，$f'[g(x)] = \cos\mathrm{e}^{2x}$，$\dfrac{\mathrm{d}f[g(x)]}{\mathrm{d}x} = 2\mathrm{e}^{2x}\cos\mathrm{e}^{2x}$；

9. $\big[f(0)\big]' = 0$；10. $a = -2, b = -\dfrac{1}{2}$；11. $x_{n+1} = \dfrac{2}{3}\dfrac{x_n^3 + \dfrac{1}{2}}{x_n^2 - 1}, n = 0, 1, 2 \cdots$。

二、选择题

1. B；2. D；3. C；4. C；5. A；6. A；7. B；8. D；9. C；10. C；11. A；12. B。

三、计算题

1. $y' = 6x - \dfrac{3}{2}x^{\frac{5}{2}} - \dfrac{7}{8}x^{\frac{1}{8}}$；

2. $\mathrm{d}y = -\dfrac{1}{2}\mathrm{e}^{-\frac{x}{2}}(\cos\sqrt{3x} + \dfrac{3}{\sqrt{3x}}\sin\sqrt{3x})\mathrm{d}x$；

3. $f'(0) = \dfrac{1}{\pi}$；

4. $y^{(n)} = \dfrac{2 - \ln x}{x\ln^3 x}$；

5. -1。

四、解答题

1. 单调增区间为 $(-\infty, +\infty)$，无极值。

2. 凸区间 $(-\infty, -1)$，凹区间 $(-1, +\infty)$，拐点 $(-1, 2)$。

3. 极大值 $y(0) = c$，极小值 $y(2) = -4 + c$，即极大值比极小值大 4。

五、应用题

1. 储油桶半径 r 为 2 时，总造价最低。

2. （1）当平均车速为 22km/h 时，车流量最大；（2）最大车流量是 $f(22) = 9.7$（辆/秒）。

第3章 积分学及其应用

【基本知识导学】

积分学部分

一、基本概念

1. 原函数

若 $F'(x) = f(x)$，$x \in I$，则称 $F(x)$ 是 $f(x)$ 在区间 I 上的一个原函数。如：

$(\sin x)' = \cos x$，所以在 $(-\infty, +\infty)$ 内，$\sin x$ 是 $\cos x$ 的一个原函数；

$(\sin x + 2)' = \cos x$，所以在 $(-\infty, +\infty)$ 内，$\sin x + 2$ 是 $\cos x$ 的一个原函数；

$(\sin x + C)' = \cos x$，所以在 $(-\infty, +\infty)$ 内，$\sin x + C$ 都是 $\cos x$ 的原函数。

2. 不定积分

若 $F(x)$ 是 $f(x)$ 在区间 I 内的一个原函数，则称 $F(x) + C$（C 为任意常数）为 $f(x)$ 在区间 I 内的不定积分，记为 $\int f(x)\mathrm{d}x$，即：$\int f(x)\mathrm{d}x = F(x) + C$。

3. 不定积分的性质

性质（1）：先积分后微分，两种互逆运算相抵消。

$$\left[\int f(x)\mathrm{d}x\right]' = f(x) \text{ 或 } \mathrm{d}\left[\int f(x)\mathrm{d}x\right] = f(x)\mathrm{d}x。$$

性质（2）：先微分后积分，两种互逆运算抵消后，相差常数 C。

$$\int F'(x)\mathrm{d}x = F(x) + C \quad \text{或} \quad \int \mathrm{d}F(x) = F(x) + C。$$

4. 不定积分几何意义

不定积分 $F(x) + C$ 表示 $f(x)$ 的一簇积分曲线，而 $f(x)$ 正是积分曲线的切线的斜率。

例如，已知某曲线在点 $(1, 2)$ 处的切线斜率是 $\dfrac{1}{x}$，求该曲线方程。

解法：由 $\int \dfrac{1}{x}\mathrm{d}x = \ln x + C$ 得：$y = \ln x + C$ 的曲线簇方程，将点 $(1, 2)$ 代入，得 $C = 2$，所求该曲线方程为：$y = \ln x + 2$。

5. 定积分定义

$\lim\limits_{\lambda \to 0} \sum\limits_{i=1}^{n} f(\xi_i)\Delta x_i$ 存在，且极限值与区间的分划、点 ξ_i 的取法无关，则称 $f(x)$ 在 $[a, b]$ 上可积。记作：$\int_a^b f(x)\mathrm{d}x = \lim\limits_{\lambda \to 0} \sum\limits_{i=1}^{n} f(\xi_i)\Delta x_i \left(\lambda = \max\limits_{1 \leqslant i \leqslant n}\{\Delta x_i\}\right)$

6. 定积分定义几何意义

当 $f(x) \geqslant 0$，$\int_a^b f(x)\mathrm{d}x$ 表示以曲线 $y = f(x)$ 为顶的曲边梯形面积。

即：由曲线 $y = f(x)$ 及 x 轴、直线 $x = a$、$x = b$ 所围区域面积，如图 3-1 所示。

7. 定积分的性质

（1）$\int_a^b [f(x)+g(x)]dx = \int_a^b f(x)dx + \int_a^b g(x)dx$。即：代数和的积分等于积分的代数和。

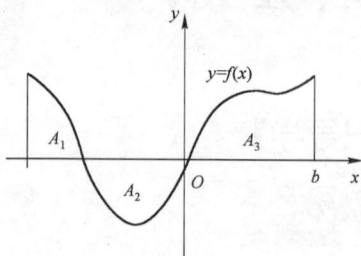

$$\int_a^b f(x)dx = A_1 - A_2$$

图 3-1

（2）$\int_a^b kf(x)dx = k\int_a^b f(x)dx$。即：常数可提出积分号外。

（3）$\int_a^b f(x)dx = \int_a^b f(x)dx$。即：对调积分的上、下限，应改变符号。

（4）$\int_a^b f(x)dx = 0$。即：若积分的上、下限相同，则积分值为零。

（5）$\int_a^b f(x)dx = \int_a^b f(x)dx + \int_a^b f(x)dx$。即：积分区间的可加性。

例如，设 $f(x) = \begin{cases} x^2, & \text{当 } 0 \le x \le \dfrac{\pi}{2} \\ \cos x, & \text{当 } \dfrac{\pi}{2} < x \le \pi \end{cases}$ 求 $\int_0^2 f(x)\, dx$。

解法：$\int_a^b f(x)dx = \int_0^{\frac{\pi}{2}} x^2\, dx + \int_{\frac{\pi}{2}}^{\pi} \cos x dx = \frac{1}{3}x^3 \big|_0^{\frac{\pi}{2}} + \sin x \big|_{\frac{\pi}{2}}^{\pi} = \frac{1}{24}\pi^3 - 1$。

8. 微积分基本定理

（1）变上限定积分：设函数 $f(t)$ 在 $[a,b]$ 上可积，$x \in [a,b]$，则变上限定积分 $\int_a^x f(t)dt$ 是上限变量 x 的函数，称为积分上限函数，记为：

$$\Phi(x) = \int_a^x f(t)dt, x \in [a,b]$$

（2）微积分基本定理：若函数 $f(x)$ 在区间 $[a,b]$ 上连续，则积分上限函数 $\Phi(x) = \int_a^x f(t)dt$ $(a \le x \le b)$ 在区间 $[a,b]$ 上可导，且导数为：$\Phi'(x) = \dfrac{d}{dx}\int_a^x f(t)\, dt = f(x)$。

注：① 定理揭示了微分与定积分这两个定义不相干的概念之间的内在联系，称为微积分基本定理。

② 定理是在被积函数连续的条件下证得的，因而也就证明了"连续函数必存在原函数"的结论。

（3）原函数存在定理：若函数 $f(x)$ 在区间 $[a,b]$ 上连续，则函数 $\Phi(x) = \int_a^x f(t)\, dt$ 就是 $f(x)$ 在区间 $[a,b]$ 上的一个原函数。

疑难问题：变上限定积分是函数吗？

解析：变上限定积分是函数的一种表现形式，是非初等函数，也称为积分上限函数。相关问题求导时，要参照使用积分上限函数的求导定理（微积分基本定理）和推导公式：

① $\dfrac{d}{dx}\int_{\alpha}^{b(x)} f(t)dt = f[b(x)] \cdot b'(x)$；

② $\dfrac{\mathrm{d}}{\mathrm{d}x}\displaystyle\int_{a(x)}^{\beta}f(t)\mathrm{d}t=-f\big[a(x)\big]\cdot a'(x)$ ；

③ $\dfrac{\mathrm{d}}{\mathrm{d}x}\displaystyle\int_{a(x)}^{b(x)}f(t)\mathrm{d}t=f\big[b(x)\big]\cdot b'(x)-f\big[a(x)\big]\cdot a'(x)$ 。

例如，设 $y=\displaystyle\int_{0}^{x}\sqrt{1-t^2}\,\mathrm{d}t$ ，求 $\dfrac{\mathrm{d}y}{\mathrm{d}x}$ 。

解法：$\dfrac{\mathrm{d}y}{\mathrm{d}x}=\dfrac{\mathrm{d}}{\mathrm{d}x}\displaystyle\int_{0}^{x}\sqrt{1-t^2}\,\mathrm{d}t=\sqrt{1-x^2}$ 。

例如，$\dfrac{\mathrm{d}}{\mathrm{d}x}\displaystyle\int_{x}^{a}f(t)\mathrm{d}t=\dfrac{\mathrm{d}}{\mathrm{d}x}\Big[-\displaystyle\int_{a}^{x}f(t)\mathrm{d}t\Big]=-\dfrac{\mathrm{d}}{\mathrm{d}x}\displaystyle\int_{a}^{x}f(t)\mathrm{d}t=-f(x)$ 。

9．牛顿—莱布尼茨公式

若 $f(x)$ 在 $[a,b]$ 上连续，则 $\displaystyle\int_{a}^{b}f(x)\mathrm{d}x=F(x)\big|_{a}^{b}=F(b)-F(a)$ ，其中 $F(x)$ 是 $f(x)$ 的一个原函数。

牛顿—莱布尼茨公式意义：牛顿—莱布尼茨公式反映了定积分与不定积分之间的关系，将一个以极限形式定义的定积分的计算问题变成为求被积函数的原函数在区间 $[a,b]$ 上的增量问题。即实现用不定积分来计算定积分。因此，牛顿—莱布尼茨公式实际上揭示了微分学与积分学之间的关系。

10．对称区间上的定积分性质

（1）$\displaystyle\int_{-a}^{a}f(x)\mathrm{d}x=0$ [当 $f(x)$ 为奇函数时]。

（2）$\displaystyle\int_{-a}^{a}f(x)\mathrm{d}x=2\displaystyle\int_{0}^{a}f(x)\mathrm{d}x$ [当 $f(x)$ 为偶函数时]。

11．无穷区间上的广义积分

在实际问题中我们常常会遇到积分区间为无穷区间的积分，如下。

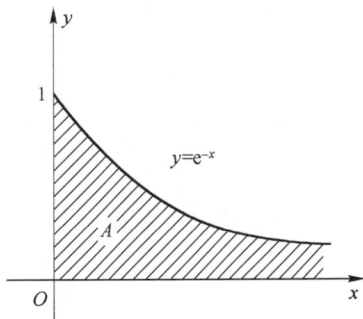

图 3-2

要求出如图 3-2 所示阴影部分面积，我们可以分两步来完成：

（1）先求出 x 轴、y 轴、曲线 $y=\mathrm{e}^{-x}$ 和 $x=b$（$b>0$）所围成的曲边梯形的面积 A_b。

由定积分的几何意义有：$A_b=\displaystyle\int_{0}^{b}\mathrm{e}^{-x}\mathrm{d}x$ ；

（2）求 $\displaystyle\lim_{b\to+\infty}A_b$ ，如果该极限存在，则极限值便是我们所求的面积 A ，即：

$A=\displaystyle\lim_{b\to+\infty}A_b=\lim_{b\to+\infty}\displaystyle\int_{0}^{b}\mathrm{e}^{-x}\mathrm{d}x$ 。

以上过程其实就是对函数 $y=\mathrm{e}^{-x}$ 在 $[0,+\infty)$ 求了一种积分，我们称这种积分为广义积分。

① $f(x)$ 在区间 $[a,+\infty)$ 上的广义积分为：$\displaystyle\int_{a}^{+\infty}f(x)\mathrm{d}x=\lim_{b\to+\infty}\displaystyle\int_{a}^{b}f(x)\mathrm{d}x$ ，（$a<b$），

注：极限存在称广义积分 $\displaystyle\int_{a}^{+\infty}f(x)\mathrm{d}x$ 收敛，否则称广义积分 $\displaystyle\int_{a}^{+\infty}f(x)\mathrm{d}x$ 发散。

② $f(x)$ 在区间 $(-\infty,b]$ 上的广义积分为：$\displaystyle\int_{-\infty}^{b}f(x)\mathrm{d}x=\lim_{a\to-\infty}\displaystyle\int_{a}^{b}f(x)\mathrm{d}x$ ，（$a<b$），

③ $f(x)$ 在区间 $(-\infty,+\infty)$ 上的广义积分为：

$$\int_{-\infty}^{+\infty}f(x)\mathrm{d}x=\int_{-\infty}^{c}f(x)\mathrm{d}x+\int_{c}^{+\infty}f(x)\mathrm{d}x$$

$$=\lim_{a\to-\infty}\int_{a}^{c}f(x)\mathrm{d}x+\lim_{b\to+\infty}\int_{c}^{b}f(x)\mathrm{d}x$$

（其中，c 是介于 a 与 b 之间的任意常数）

注:当该式的两个极限 $\lim\limits_{a\to-\infty}\int_a^c f(x)\mathrm{d}x$ 和 $\lim\limits_{b\to+\infty}\int_c^b f(x)\mathrm{d}x$ 都存在时,广义积分 $\int_{-\infty}^{+\infty} f(x)\mathrm{d}x$ 才被称为是收敛的,否则称为发散。

例如,讨论广义积分 $\int_2^{+\infty}\mathrm{e}^{-x}\mathrm{d}x$ 的敛散性。

解:$\int_2^{+\infty}\mathrm{e}^{-x}\mathrm{d}x=\lim\limits_{b\to+\infty}\int_2^b\mathrm{e}^{-x}\mathrm{d}x=\lim\limits_{b\to+\infty}\left[-\int_2^b\mathrm{e}^{-x}\mathrm{d}(-x)\right]=\lim\limits_{b\to+\infty}\left[-\mathrm{e}^{-x}\right]_2^b=\lim\limits_{b\to+\infty}\left(-\mathrm{e}^{-b}+\mathrm{e}^{-2}\right)=\mathrm{e}^{-2}$

所以广义积分 $\int_2^{+\infty}\mathrm{e}^{-x}\mathrm{d}x$ 是收敛的。

注:计算广义积分时,为了书写上的方便,可以省去极限符号

上例可写成:$\int_2^{+\infty}\mathrm{e}^{-x}\mathrm{d}x=-\int_2^{+\infty}\mathrm{e}^{-x}\mathrm{d}(-x)=-\mathrm{e}^{-x}\Big|_2^{+\infty}=0+\mathrm{e}^{-2}=\mathrm{e}^{-2}$。

④ 广义积分简便计算法:

设 $F(x)$ 为 $f(x)$ 的一个原函数,若记 $F(+\infty)=\lim\limits_{x\to+\infty}F(x)$,$F(-\infty)=\lim\limits_{x\to-\infty}F(x)$,则:

$\int_a^{+\infty}f(x)\mathrm{d}x=F(+\infty)-F(a)$;$\int_{-\infty}^b f(x)\mathrm{d}x=F(b)-F(-\infty)$。

例如,讨论 $\int_{-\infty}^{-1}\dfrac{1}{x^2}\mathrm{d}x$ 的收敛性。

解法:因为 $\int_{-\infty}^{-1}\dfrac{1}{x^2}\mathrm{d}x=-\dfrac{1}{x}\Big|_{-\infty}^{-1}=1-0=1$,所以广义积分 $\int_{-\infty}^{-1}\dfrac{1}{x^2}\mathrm{d}x$ 收敛。

例如,讨论广义积分 $\int_{-\infty}^{+\infty}\cos x\mathrm{d}x$ 的敛散性。

解法:$\int_{-\infty}^{+\infty}\cos x\mathrm{d}x=\int_{-\infty}^0\cos x\mathrm{d}x+\int_0^{+\infty}\cos x\mathrm{d}x$,

由于 $\int_{-\infty}^0\cos x\mathrm{d}x=\sin x\Big|_{-\infty}^0=\sin 0-\sin(-\infty)=-\sin(-\infty)$ 不存在,

所以 $\int_{-\infty}^0\cos x\mathrm{d}x$ 发散,从而广义积分 $\int_{-\infty}^{+\infty}\cos x\mathrm{d}x$ 发散。

二、基本积分公式和运算法则

1. 基本积分公式

积分运算是微分运算的逆运算,故很自然地从导数公式得到相应的积分公式。于是由基本初等函数的导数公式可推出相应的积分公式,称为基本积分公式。

（1）$\int 0\mathrm{d}x=C$；

（2）$\int \mathrm{d}x=x+C$；

（3）$\int x^n\mathrm{d}x=\dfrac{x^{n+1}}{n+1}+C,\ (n\neq-1)$；

（4）$\int\dfrac{1}{x}\mathrm{d}x=\ln|x|+C$；

（5）$\int a^x\mathrm{d}x=\dfrac{a^x}{\ln a}+C$；

（6）$\int \mathrm{e}^x\mathrm{d}x=\mathrm{e}^x+C$；

（7）$\int\sin x\mathrm{d}x=-\cos x+C$；

（8）$\int\cos x\mathrm{d}x=\sin x+C$；

（9）$\int\sec^2 x\mathrm{d}x=\tan x+C$；

（10）$\int\csc^2 x\mathrm{d}x=-\cot x+C$；

（11）$\int\sec x\tan x\mathrm{d}x=\sec x+C$；

（12）$\int\csc x\cot x\mathrm{d}x=-\csc x+C$；

（13）$\int \dfrac{1}{\sqrt{1-x^2}}dx = \arcsin x + C$ 　　　　（14）$\int \dfrac{1}{1+x^2}dx = \arctan x + C$

　　　　　　　　$= -\arccos x + C$；　　　　　　　　　　　　　　$= -\operatorname{arc\,cot} x + C$。

2．积分运算法则

（1）$\int [f(x) \pm g(x)]dx = \int f(x)dx \pm \int g(x)dx$。

即：代数和的积分等于积分的代数和。

（2）$\int kf(x)dx = k\int f(x)dx$（$k \neq 0$）。

即：常数可提出积分号外。

三、不定积分、定积分的计算

1．不定积分的计算方法

（1）直接积分法——利用不定积分的运算性质和基本积分公式，直接求出不定积分的方法。

例如，$\int \sqrt{x\sqrt{x}}\,dx = \int x^{\frac{3}{4}}dx = \dfrac{1}{1+\dfrac{3}{4}}x^{\frac{3}{4}+1} + C = \dfrac{4}{7}x^{\frac{7}{4}} + C$。

例如，$\int 3^x e^x dx = \int (3e)^x dx = \dfrac{(3e)^x}{\ln(3e)} + C = \dfrac{3^x e^x}{1+\ln 3} + C$。

注：检验积分结果是否正确，只要对结果求导，看它的导数是否等于被积函数，相等时结果是正确的，否则结果是错误的。

（2）第一换元法（也称凑微分法）。

由一阶微分形式不变性有：$df(u) = f'(u)du$，

如果 $u = \varphi(x)$ 可微，那么

$df(u) = f'(u)du = f'(u) \cdot \varphi'(x)dx$。

例如，求 $y = \sin^3 x$ 的微分，由上述式子得

$$dy = 3\sin^2 x d(\sin x) = 3\sin^2 x \cdot \cos x dx，$$

我们把这个问题反过来考虑，当 $F'(x) = ?$ 时，有：

$$dF(x) = 3\sin^2 x \cdot \cos x dx$$

我们知道，微分和积分互为逆运算，如果能注意到 $\cos x de = d\sin x$，再用逆向思维来考虑问题，先令 $u = \sin x$，问题就转化为解决：

$$dF(x) = 3u^2 du$$

定理（第一类换元积分法）：如果 $f(u)$ 关于 u 存在原函数 $F(u)$，$u = \varphi(x)$ 关于 x 存在连续导数，则有

$$\int f[\varphi(x)] \cdot \varphi'(x)dx = \int f[\varphi(x)]d[\varphi(x)]$$
$$= \int f(u)du = F(u) + C = F[\varphi(x)] + C，$$

故第一类换元法（凑微分法）常做如下描述：

$$\int f[\varphi(x)] \cdot \varphi'(x)dx = \int f[\varphi(x)]d[\varphi(x)]$$
$$\overset{令\varphi(x)=u}{=} \int f(u)du \overset{用公式}{=} F(u) + C$$

$$\underset{\text{回代}u=\varphi(x)}{=} F\left[\varphi(x)\right]+C$$

凑微分法解题思路：首先在被积函数中分解出一个"因式"，再把这个因式按微分意义放在微分符号里面去，使得微分符号里面这个函数形成一个新的积分变量，在新的积分变量下，积分就变得简单了。

下面举一个具体示例来说明如何应用凑微分方法。

例如，计算 $\int (3+x)^{100}\mathrm{d}x$。

解法：如果注意到 $\mathrm{d}(3+x)=\mathrm{d}x$ 这样一个微分性质，问题就简化了，只需要令 $u=3+x$，就有：

$$\int (3+x)^{100}\mathrm{d}x=\int (3+x)^{100}\mathrm{d}(3+x)=\int u^{100}\mathrm{d}u=\frac{u^{101}}{101}+C=\frac{1}{101}(3+x)^{101}+C。$$

注：在今后的不定积分计算中，可以根据题目需要在微分 $\mathrm{d}x$ 的变量 x 后面加上任意一个想加的常数，此时 $\mathrm{d}x=\mathrm{d}(x+C)$。

故常见凑微分类型：

① $\int f(ax+b)\,\mathrm{d}x=\dfrac{1}{a}\int f(ax+b)\mathrm{d}(ax+b)$

$\int f(ax^2+b)\cdot x\mathrm{d}x=\dfrac{1}{2a}\int f(ax^2+b)\mathrm{d}(ax^2+b)$

例如，$\displaystyle\int\frac{\mathrm{d}x}{\sqrt{(5x-2)^5}}=\frac{1}{5}\int\frac{\mathrm{d}(5x-2)}{\sqrt{(5x-2)^5}}=\frac{-2}{15}(5x-2)^{-\frac{3}{2}}+C。$

例如，$\displaystyle\int x^2\sqrt[3]{1+x^3}\mathrm{d}x=\frac{1}{3}\int (1+x^3)^{\frac{1}{3}}\mathrm{d}(1+x^3)=\frac{1}{4}(1+x^3)^{\frac{4}{3}}+C。$

② $\int f(\ln x)\cdot\dfrac{1}{x}\mathrm{d}x=\int f(\ln x)\mathrm{d}\ln x$

例如，$\displaystyle\int\frac{\mathrm{d}x}{x\cdot\ln x}=\int\frac{\mathrm{d}\ln x}{\ln x}\underset{\ln x=t}{=}\int\frac{\mathrm{d}t}{t}=\ln t+C=\ln|\ln x|+C。$

③ $\int \mathrm{e}^x f(\mathrm{e}^x)\mathrm{d}x=\int f(\mathrm{e}^x)\mathrm{d}\mathrm{e}^x$

例如，$\displaystyle\int\frac{\mathrm{e}^x}{1+\mathrm{e}^{2x}}\mathrm{d}x=\int\frac{\mathrm{d}\mathrm{e}^x}{1+\mathrm{e}^{2x}}\arctan\mathrm{e}+C。$

④ $\int f(\sin x)\cdot\cos x\mathrm{d}x=\int f(\sin x)\mathrm{d}(\sin x)$

例如，$\displaystyle\int\frac{\cos x}{\sqrt[3]{\sin x}}\mathrm{d}x=\int\frac{1}{\sqrt[3]{\sin x}}\mathrm{d}(\sin x)=\frac{3}{2}(\sin x)^{\frac{2}{3}}+C。$

⑤ $\int f(\cos x)\cdot\sin x\mathrm{d}x=-\int f(\cos x)\mathrm{d}(\cos x)$

例如，$\displaystyle\int\cos^3 x\sin x\mathrm{d}x=-\int\cos^3 x\mathrm{d}(\cos x)=-\frac{\cos^4 x}{4}+C。$

⑥ $\int f(\tan x)\cdot\sec^2 x\mathrm{d}x=\int f(\tan x)\mathrm{d}(\tan x)$；

$\int f(\cot x)\cdot\csc^2 x\mathrm{d}x=-\int f(\cot x)\mathrm{d}(\cot x)$。

⑦ $\int f(\arcsin x) \cdot \dfrac{1}{\sqrt{1-x^2}} dx = \int f(\arcsin x) d(\arcsin x)$ ；

$\int f(\arctan x) \cdot \dfrac{1}{1+x^2} dx = \int f(\arctan x) d(\arctan x)$ ；

例如， $\int \dfrac{\arctan x}{1+x^2} dx = \int \arctan x d(\arctan x) = \dfrac{(\arctan x)^2}{2} + C$ 。

2．定积分的计算

（1）定积分的直接法

利用牛顿—莱布尼茨公式将定积分问题转化为不定积分求解。

例如，① $\int_2^3 2x dx = x^2 \Big|_2^3 = 3^2 - 2^2 = 5$ ；

② $\int_0^2 t^3 dt = \dfrac{t^4}{4} \Big|_0^2 = \dfrac{2^4}{4} - 0 = 4$ ；

③ $\int_4^9 1 \, dr = r \Big|_4^9 = 9 - 4 = 5$ ；

④ $\int_0^{\frac{\pi}{2}} \cos x dx = \sin x \Big|_0^{\frac{\pi}{2}} = \sin \dfrac{\pi}{2} - \sin 0 = 1$ 。

（2）定积分的换元法

定理：设函数 $f(x)$ 在区间 $[a, b]$ 上连续，且

① $x = \varphi(u)$ 在区间 $[\alpha, \beta]$ 上具有连续导数 $\varphi'(u)$ ；

② 当 u 从 α 到 β 时， $\varphi(u)$ 从 $\varphi(\alpha) = a$ 单调地变到 $\varphi(\beta) = b$ ，则有：

$$\int_a^b f(x) dx = \int_\alpha^\beta f[\varphi(u)] \cdot \varphi'(u) du 。$$

此式称为定积分的换元公式。

例如，求 $\int_4^9 \dfrac{\sqrt{x}}{\sqrt{x}-1} dx$ 。

解法：（换元法）

设 $\sqrt{x} = t$ ，则 $x = t^2$ ， $dx = 2t dt$ 。 $x = 4$ 时， $t = 2$ ； $x = 9$ 时， $t = 3$

$$\int_4^9 \dfrac{\sqrt{x}}{\sqrt{x}-1} dx = \int_2^3 \dfrac{2t^2}{t-1} dt = 2 \int_2^3 \dfrac{t^2 - 1 + 1}{t-1} dt$$

$$= 2 \int_2^3 \left(t + 1 + \dfrac{1}{t-1}\right) dt = (t+1)^2 \Big|_2^3 + 2\ln|t-1| \Big|_2^3 = 7 + 2\ln 2 。$$

例如，求 $\int_0^2 x e^{x^2} dx$ 。

解法：（凑微分法）

$$\int_0^2 x e^{x^2} dx = \dfrac{1}{2} \int_0^2 e^{x^2} d(x^2) = \dfrac{1}{2} e^{x^2} \Big|_0^2 = \dfrac{1}{2}(e^4 - e^0) = \dfrac{1}{2}(e^4 - 1) 。$$

注：定积分的换元变换需要注意的是换元必换限！如果采用的是凑微分方法求解，就不需要换限。

定积分几何应用部分

一、求平面区域面积

平面区域的面积：由曲线 $y = f(x)$，$y = g(x)$ 及直线 $x = a, x = b$ 所围面积 $A = \int_a^b |f(x) - g(x)| \mathrm{d}x$。

（1）若平面图形是由连续曲线 $y = f(x)$，$y = g(x)$ 和直线 $x = a, x = b(a < b)$ 围成，在区间 $[a, b]$ 上有 $f(x) \geqslant g(x)$，如图 3-3 所示，称这样的图形是 x 型的。

（2）若平面图形是由连续曲线 $x = \varphi(y)$，$x = \psi(y)$ 和直线 $y = c, y = d(c < d)$ 围成。在区间 $[c, d]$ 上有 $\varphi(y) \geqslant \psi(y)$，如图 3-4 所示，称这样的图形是 y 型的。

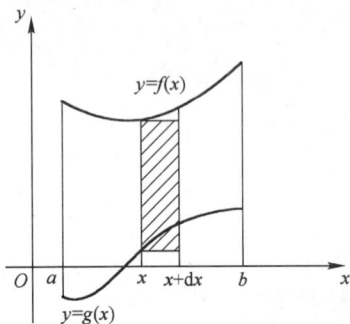

图 3-3

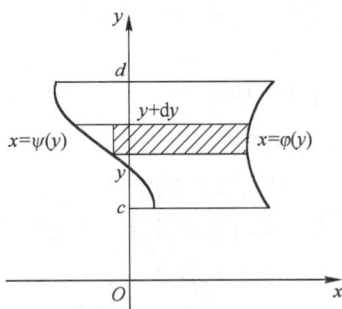

图 3-4

二、求解平面区域面积采用"微元法"

微元法是用定积分解决实际问题的一种方法。量 F 在范围 $[a, b]$ 内受到变量 x 的非均匀的复杂影响，"微元法"就是在其中一个微小的局部范围 $[x, x + \mathrm{d}x]$ 内将不均匀的复杂问题"均匀化"、"简单化"，它体现的恰是数学中辩证法的运用。

常见的"均匀化"、"简单化"的处理方法有：以常代变、以匀代不匀、以直代曲……应用微元法解题步骤如下：

（1）选变量定区间：根据实际问题做草图，然后选取适当变量（如 x），并确定积分变量的变化区间 $[a, b]$；

（2）取近似找微元：在 $[a, b]$ 内任取一代表性小区间 $[x, x + \mathrm{d}x]$，当 $\mathrm{d}x$ 很小时运用"以匀代不匀、以直代曲，以不变代变"的辩证思想，获取微元表达式 $\mathrm{d}A = f(x)\mathrm{d}x \approx \Delta A$（$\Delta A$ 为量 A 在小区间 $[x, x + \mathrm{d}x]$ 上所分布的部分量的近似值）；

（3）对微元进行积分：$A = \int_a^b \mathrm{d}A = \int_a^b f(x)\mathrm{d}x$。

三、应用定积分求解平面图形面积要注意的问题

应用定积分求解平面图形面积时要注意以下几点。

（1）积分变量和积分区间的选取，若取积分变量为 x，则图形的曲边所对应的函数形式

应为 $y=f(x)$ ，积分区间是 x 的变化范围；若取积分变量为 y ，则图形的曲边所对应的函数形式应为 $x=\varphi(y)$ ，积分区间是 y 的变化范围。

（2）面积微元均用小矩形面积来代替。

（3）特别地，当由两个或多个函数所表示的曲线共同围成一个平面图形时，要仔细地分出各自区间上的面积微元。

四、平面图形面积的计算方法

1．若选 x 为积分变量

（1）先由左 $\rightarrow$ 右观察平面图形范围，确定积分下、上限。

（2）然后用"上面的"曲线方程减去"下面的"曲线方程做为被积函数，就可求出该平面图形的面积，如图 3-5 所示。

$$A = \int_a^b \left[f(x) - g(x) \right] \mathrm{d}x \text{ 。}$$

（3）若曲线 $y=f(x)$ 与 $y=g(x)$ 出现"上下交替"，先求出两条曲线交点坐标，把积分区间分为若干部分，从而平面图形也相应分成若干部分：

$$A = \int_c^d \left[\varphi(y) - \psi(y) \right] \mathrm{d}y + \int_d^e \left[\psi(y) - \varphi(y) \right] \mathrm{d}y \text{ 。}$$

2．若选 y 为积分变量

（1）先由下 $\rightarrow$ 上观察平面图形范围，确定积分下、上限；

（2）然后用"右面的"曲线方程减去"左面的"曲线方程做为被积函数，可以得到该平面图形的面积，如图 3-6 所示。

$$A = \int_c^d \left[\varphi(y) - \psi(y) \right] \mathrm{d}y$$

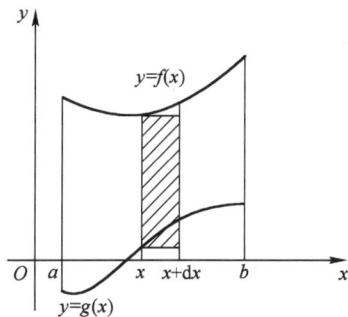

图 3-5

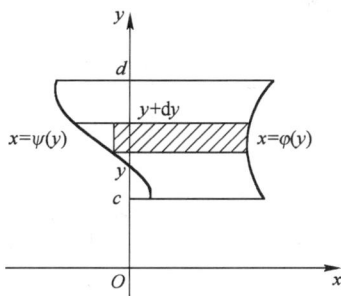

图 3-6

（3）若曲线 $x=\varphi(y)$ 与 $x=\psi(y)$ 出现"左右交替"，先求出两条曲线交点坐标，把积分区间分为若干部分，从而平面图形也相应分成若干部分：

$$A = \int_c^d \left[\varphi(y) - \psi(y) \right] \mathrm{d}y + \int_d^e \left[\psi(y) - \varphi(y) \right] \mathrm{d}y \text{ 。}$$

微分方程部分

一、基本概念

微分方程：含有自变量、未知函数及未知函数的导数或微分的方程。

微分方程的阶：微分方程中出现的未知函数的最高阶导数的阶数。

微分方程的解：代入微分方程后，可使该方程成为恒等式的可导函数。

微分方程的通解：如果微分方程的解中含有的相互独立的任意常数的个数与微分方程的阶数相等，则称此解为微分方程的通解。

微分方程的初始条件：给出自变量取某定值时，未知函数及其导数的相应取值的条件。

一阶微分方程的初始条件形式为

$$y(x_0) = y_0 \quad \text{或} \quad y|_{x=x_0} = y_0 ;$$

二阶微分方程的初始条件形式为

$$y(x_0) = y_0 , \quad y'(x_0) = y_0' \quad \text{或} \quad y|_{x=x_0} = y_0 , \quad y'|_{x=x_0} = y_0' 。$$

微分方程的特解：满足初始条件的不含任意常数的微分方程的解。

积分曲线：微分方程特解的图形。

积分曲线簇：微分方程通解表示的平面曲线簇。

二、一阶微分方程的计算

计算微分方程的基本思路是"按类型求解"，即先判断出所求方程属于哪种类型，再按此类型解法进行求解。学习一阶微分方程时要注意：一是熟悉每种类型的标准形式，二是熟记每种类型的解法。

1. 可分离变量的微分方程

形式：$\dfrac{\mathrm{d}y}{\mathrm{d}x} = f(x)g(y)$ 。

解法：（1）分离变量 $\dfrac{\mathrm{d}y}{g(y)} = f(x)\mathrm{d}x$ ；

（2）两边积分 $\displaystyle\int \dfrac{\mathrm{d}y}{g(y)} = \int f(x)\mathrm{d}x + C$ ；

（3）化简得方程的通解。

2. 齐次型微分方程

形式：$y' = f\left(\dfrac{y}{x}\right)$ 。

解法：（1）设 $u = \dfrac{y}{x}$ ，则 $y = ux$ ，等式两边求导得 $y' = u + xu'$ ；

（2）将 y 及 y' 代入原微分方程得 $u + xu' = f(u)$ ，即 $xu' = f(u) - u$ ；

（3）分离变量并积分 $\displaystyle\int \dfrac{\mathrm{d}u}{f(u) - u} = \int \dfrac{1}{x}\mathrm{d}x + C$ ；

（4）求解后将 $u = \dfrac{y}{x}$ 代入得通解。

3．一阶线性微分方程

形式： $y' + P(x)y = Q(x)$ 。

注意： $Q(x) \equiv 0$ 时，上式称为一阶线性齐次微分方程，否则称为一阶线性非齐次微分方程。

解法：

（1）一阶线性齐次微分方程 $[y' + P(x)y = 0]$

分离变量并积分得通解

$$y = Ce^{-\int P(x)dx} \quad (\text{其中，} C \in R)。$$

（2）一阶线性非齐次微分方程 $[y' + P(x)y = Q(x)]$

使用常数变易法求得通解： $y = e^{-\int P(x)dx}\left[\int Q(x)e^{\int P(x)dx}dx + C\right]$。

注意： $\int P(x)dx$ 和 $\int Q(x)e^{\int P(x)dx}dx$ 都只需各取其某一个原函数即可，不必添加任意常数；但两处出现的 $\int P(x)dx$ 一定要取同一个原函数。

三、微分方程的应用

根据简单的实际问题建立微分方程并求解。一般步骤如下：

（1）根据题意建立微分方程并确定初始条件；

（2）求出通解以及满足初始条件的特解；

（3）根据要求讨论结果的实际意义。

【例题解析】

【例 1】设 $\int f(x)dx = \dfrac{1-x}{1+x} + C$ ，求 $f(x)$ 。

解： $f(x) = \left(\dfrac{1-x}{1+x} + C\right)' = -\dfrac{2}{(1+x)^2}$

【例 2】问 $\dfrac{d}{dx}\left(\int f(x)dx\right)$ 与 $\int f'(x)dx$ 是否相等?

解：设 $F'(x) = f(x)$ ，则

$$\dfrac{d}{dx}\left(\int f(x)dx\right) = \dfrac{d}{dx}(F(x)+C) = F'(x) + 0 = f(x)，$$

而由不定积分定义 $\int f'(x)dx = f(x) + C$ ，所以 $\dfrac{d}{dx}\left(\int f(x)dx\right) \neq \int f'(x)dx$ 不相等。

【例 3】求下列不定积分。

① $\int \dfrac{1}{x^2}dx$ ； ② $\int \dfrac{1}{1+x^2}dx$ 。

解：① 因为 $\left(-\dfrac{1}{x}\right)' = \dfrac{1}{x^2}$ ，所以 $-\dfrac{1}{x}$ 是 $\dfrac{1}{x^2}$ 的一个原函数，从而

$$\int \dfrac{1}{x^2}dx = -\dfrac{1}{x} + C \quad (C \text{为任意常数})。$$

② 因为 $(\arctan x)' = \dfrac{1}{1+x^2}$ ，故 $\arctan x$ 是 $\dfrac{1}{1+x^2}$ 的一个原函数，从而

$\int \dfrac{1}{1+x^2}dx = \arctan x + C$ （C 为任意常数）。

【例 4】求下列定积分。

① $\int_0^1 x^2 dx$ ；　　　② $\int_{-2}^{-1} \dfrac{1}{x}dx$ 。

解：① 因为 $\dfrac{x^3}{3}$ 是 x^2 的一个原函数，由牛顿—莱布尼茨公式得：

$$\int_0^1 x^2 dx = \dfrac{x^3}{3}\Big|_0^1 = \dfrac{1}{3} - \dfrac{0}{3} = \dfrac{1}{3}。$$

② 当 $x < 0$ 时，$\dfrac{1}{x}$ 的一个原函数是 $\ln|x|$，由牛顿—莱布尼茨公式得：

$$\int_{-2}^{-1} \dfrac{1}{x}dx = \ln|x|\,\Big\|_{-2}^{-1} = \ln 1 - \ln 2 = -\ln 2。$$

【例 5】已知曲线 $y = f(x)$ 在任一点 x 处的切线斜率为 $2x$，且曲线通过点（1，2），求此曲线的方程。

解：由题意知 $f'(x) = 2x$，即 $f(x)$ 是 $2x$ 的一个原函数，从而 $f(x) = \int 2x dx = x^2 + C$，由曲线通过点（1，2）得：$2 = 1^2 + C \Rightarrow C = 1$。

此为上述积分曲线簇中通过点（1，2）的那条曲线，故所求曲线方程为：$y = x^2 + 1$。

【类题】已知曲线 $y = f(x)$ 在任一点 x 处的切线斜率等于 x，且曲线过点（2，5），求此曲线的方程。

答案：$y = \dfrac{x^2}{2} + 3$。

【例 6】计算下列不定积分。

① $\int \dfrac{1}{x\sqrt[3]{x}}dx$ ；　　　　　② $\int \dfrac{x^4}{1+x^2}dx$ 。

解：① $\int \dfrac{1}{x\sqrt[3]{x}}dx = \int x^{-\frac{4}{3}}dx = \dfrac{1}{-\frac{4}{3}+1}x^{-\frac{4}{3}+1} + C = -3x^{-\frac{1}{3}} + C$ ；

② $\int \dfrac{x^4}{1+x^2}dx = \int \dfrac{x^4-1+1}{1+x^2}dx = \int \dfrac{(x^2+1)(x^2-1)+1}{1+x^2}dx = \int \left(x^2 - 1 + \dfrac{1}{1+x^2}\right)dx$

$= \int x^2 dx - \int 1 dx + \int \dfrac{1}{1+x^2}dx = \dfrac{x^3}{3} - x + \arctan x + C$ 。

【类题】计算下列不定积分（直接法）。

① $\int \tan^2 x dx$ ；　　　　　　② $\int \dfrac{1}{\sin^2 x \cos^2 x}dx$ ；

③ $\int (2 - \sqrt{x})x dx$ ；　　　　④ $\int \dfrac{1}{x^2(1+x^2)}dx$ 。

答案：① $\tan x - x + C$ ；　　　② $\tan x - \cot x + C$ ；

③ $x^2 - \dfrac{2}{5}x^{\frac{5}{2}} + C$ ；　　　④ $-\dfrac{1}{x} - \arctan x + C$ 。

【例 7】设 $f(x) = \begin{cases} 2x, & 0 \leqslant x \leqslant 1 \\ 5, & 1 < x \leqslant 2 \end{cases}$ ，求 $\int_0^2 f(x)dx$ 。

解：由定积分性质得：$\int_0^2 f(x)\,dx = \int_0^1 f(x)\,dx + \int_1^2 f(x)\,dx = \int_0^1 2x\,dx + \int_1^2 5\,dx = 6$。

【例 8】计算下列不定积分（凑微分法）。

① $\int \dfrac{x}{(1+x)^3}\,dx$ ；　　② $\int \dfrac{1}{x(1+2\ln x)}\,dx$ ；　　③ $\int \dfrac{e^x}{1+e^x}\,dx$ 。

解：① $\int \dfrac{x}{(1+x)^3}\,dx = \int \dfrac{1+x-1}{(1+x)^3}\,dx = \int \left[\dfrac{1}{(1+x)^2} - \dfrac{1}{(1+x)^3}\right]d(1+x) = -\dfrac{1}{1+x} + \dfrac{1}{2(1+x)^2} + C$ ；

② $\int \dfrac{1}{x(1+2\ln x)}\,dx = \int \dfrac{1}{1+2\ln x}d(\ln x) = \dfrac{1}{2}\int \dfrac{1}{1+2\ln x}d(1+2\ln x)$

$= \dfrac{1}{2}\ln(1+2\ln x) + C$ ；

③ $\int \dfrac{e^x}{1+e^x}\,dx = \int \dfrac{1}{1+e^x}d(1+e^x) = \ln(1+e^x) + C$ 。

【类题】计算下列不定积分（凑微分法）。

① $\int \dfrac{e^{3\sqrt{x}}}{\sqrt{x}}\,dx$ ；　　　　　　② $\int \dfrac{\tan\sqrt{x}}{\sqrt{x}}\,dx$ 。

答案：① $\dfrac{2}{3}e^{3\sqrt{x}} + C$ ；　　② $-2\ln\left|\cos\sqrt{x}\right| + C$ 。

（提示：$\int f(\sqrt{x})\dfrac{1}{\sqrt{x}}\,dx = 2\int f(\sqrt{x})d(\sqrt{x})$。）

【例 9】计算下列不定积分。

① $\int \sin^2 x \cdot \cos^5 x\,dx$ ；　　　　② $\int \cos^2 x\,dx$ 。

解：① $\int \sin^2 x \cdot \cos^5 x\,dx = \int \sin^2 x \cdot \cos^4 x\,d(\sin x) = \int \sin^2 x \cdot (1-\sin^2 x)^2\,d(\sin x)$

$= \left(\int \sin^2 x - 2\sin^4 x + \sin^6 x\right)d(\sin x) = \dfrac{1}{3}\sin^3 x - \dfrac{2}{5}\sin^5 x + \dfrac{1}{7}\sin^7 x + C$ ；

② $\int \cos^2 x\,dx = \int \left(\dfrac{1+\cos 2x}{2}\right)dx = \dfrac{1}{2}\int(1+\cos 2x)\,dx = \dfrac{1}{2}x + \dfrac{1}{4}\sin 2x + C$ 。

注：形如 $\int \sin^n x \cdot \cos^m x\,dx$ 的解题技巧是：

① m, n 有一个为奇数时，拆奇数项，将单个的提出来凑微分。

② m, n 均为偶数时，用 $\cos^2 x = \dfrac{1+\cos 2x}{2}$ ，$\sin^2 x = \dfrac{1-\cos 2x}{2}$ 进行降幂。

【类题】计算下列不定积分。

① $\int \tan^5 x \cdot \sec^3 x\,dx$ ；　　　　② $\int \sec^6 x\,dx$ 。

答案：① $\dfrac{1}{7}\sec^7 x - \dfrac{2}{5}\sec^5 x + \dfrac{1}{3}\sec^3 x + C$ ；　② $\tan x + \dfrac{2}{3}\tan^3 x + \dfrac{1}{5}\tan^5 x + C$ 。

【例 10】求不定积分 $\int \cos 3x \cdot \cos 2x\,dx$ 。

解：$\int \cos 3x \cdot \cos 2x\,dx = \dfrac{1}{2}\int[\cos(3x-2x) + \cos(3x+2x)]\,dx$

$= \dfrac{1}{2}\int(\cos x + \cos 5x)\,dx = \dfrac{1}{2}\sin x + \dfrac{1}{10}\sin 5x + C$ 。

注：利用三角函数的积化和差公式 $2\cos\alpha \cdot \cos\beta = \cos(\alpha - \beta) + \cos(\alpha + \beta)$ 计算此类型题。

【例 11】求定积分 $\int_0^{\frac{\pi}{2}} \cos^5 x \sin x dx$ 。

解：令 $t = \cos x$ ，则 $dt = -\sin x dx$ ， $x = \dfrac{\pi}{2} \Rightarrow t = 0$, $x = 0 \Rightarrow t = 1$ ，

$$\int_0^{\frac{\pi}{2}} \cos^5 x \sin x dx = -\int_1^0 t^5 dt = \int_0^1 t^5 dt = \frac{t^6}{6}\Big|_0^1 = \frac{1}{6} 。$$

另解： $\int_0^{\frac{\pi}{2}} \cos^5 x \sin x dx = -\int_0^{\frac{\pi}{2}} \cos^5 x d(\cos x) = -\dfrac{\cos^6 x}{6}\Big|_0^{\frac{\pi}{2}} = -\left(0 - \dfrac{1}{6}\right) = \dfrac{1}{6}$ 。

注：本例中，如果不引入新变量 t ，则定积分的上、下限就不需要变换。（只有换元才需要换限）

【例 12】证明：当 $f(x)$ 在 $[-a, a]$ 上连续，则

① 当 $f(x)$ 为偶函数，有 $\int_{-a}^a f(x)dx = 2\int_0^a f(x)dx$ ；

② 当 $f(x)$ 为奇函数，有 $\int_{-a}^a f(x)dx = 0$ 。

$\int_{-a}^a f(x)dx = \int_{-a}^0 f(x)dx + \int_0^a f(x)dx$ ，在上式右端第一项中令 $x = -t$ ，则

$\int_{-a}^0 f(x)dx = -\int_a^0 f(-t)dt = \int_0^a f(-t)dt = \int_0^a f(-x)dx$ ，

① 当 $f(x)$ 为偶函数，即 $f(-x) = f(x)$ ，

$\int_{-a}^a f(x)dx = \int_{-a}^0 f(x)dx + \int_0^a f(x)dx = 2\int_0^a f(x)dx$ ；

② 当 $f(x)$ 为奇函数，即 $f(-x) = -f(x)$ ，

$\int_{-a}^a f(x)dx = \int_{-a}^0 f(x)dx + \int_0^a f(x)dx = 0$ 。

【例 13】计算 $\int_{-1}^1 (|x| + \sin x)x^2 dx$ 。

解：因为积分区间对称于原点，且 $|x|x^2$ 为偶函数， $\sin x \cdot x^2$ 为奇函数，所以

$$\int_{-1}^1 (|x| + \sin x)x^2 dx = \int_{-1}^1 |x|x^2 dx = 2\int_0^1 x^3 dx = 2 \cdot \frac{x^4}{4}\Big|_0^1 = \frac{1}{2} 。$$

【类题】计算 $\int_{-1}^1 \dfrac{2x^2 + x\cos x}{1 + \sqrt{1 - x^2}} dx$ 。

答案： $4 - \pi$ 。

【例 14】求下列函数的导数。

① $F(x) = \int_0^x \sqrt{1 + t}dt$ ；　　　　② $F(x) = \int_x^{-1} te^{-t}dt$ ；

③ $F(x) = \int_0^{x^2} \dfrac{1}{\sqrt{1 + t^4}}dt$ ；　　　④ $F(x) = \int_{x^3}^{x^2} e^t dt$ 。

解：利用变上限函数的定积分公式可得

① $\because F(x) = \int_0^x \sqrt{1 + t}dt$ ，　　$\therefore F'(x) = \left(\int_0^x \sqrt{1 + t}dt\right)' = \sqrt{1 + x}$ ；

② $\because F(x) = \int_x^{-1} t\mathrm{e}^{-t}\mathrm{d}t = -\int_{-1}^x t\mathrm{e}^{-t}\mathrm{d}t$ ，$\therefore F'(x) = -\left(\int_{-1}^x t\mathrm{e}^{-t}\mathrm{d}t\right)' = -x\mathrm{e}^{-x}$ ；

③ $\because F(x) = \int_0^{x^2} \dfrac{1}{\sqrt{1+t^4}}\mathrm{d}t$ ，

$\therefore F'(x) = \left(\int_0^{x^2} \dfrac{1}{\sqrt{1+t^4}}\mathrm{d}t\right)' = \dfrac{1}{\sqrt{1+\left(x^2\right)^4}} \cdot \left(x^2\right)' = \dfrac{2x}{\sqrt{1+x^8}}$ ；

④ $\because F(x) = \int_{x^3}^{x^2} \mathrm{e}^t\mathrm{d}t$ ，

$\because F'(x) = \left(\int_{x^3}^{x^2} \mathrm{e}^t\mathrm{d}t\right)' = \mathrm{e}^{x^2} \cdot \left(x^2\right)' - \mathrm{e}^{x^3} \cdot \left(x^3\right)' = 2x\mathrm{e}^{x^2} - 3x^2\mathrm{e}^{x^3}$ 。

注：利用公式

$$\frac{\mathrm{d}}{\mathrm{d}x} \int_{a(x)}^{b(x)} f(t)\mathrm{d}t = f\left[b(x)\right] \cdot b'(x) - f\left[a(x)\right] \cdot a(x)$$ 。

【例 15】讨论广义积分 $\int_1^{+\infty} \dfrac{1}{x^p}\mathrm{d}x$ 的敛散性。

解： ① $p = 1$ ，$\int_1^{+\infty} \dfrac{1}{x^p}\mathrm{d}x = \int_1^{+\infty} \dfrac{1}{x}\mathrm{d}x = \ln x \Big|_1^{+\infty} = +\infty$ ；

② $p \neq 1$ ，$\int_1^{+\infty} \dfrac{1}{x^p}\mathrm{d}x = \dfrac{x^{1-p}}{1-p}\Big|_1^{+\infty} = \begin{cases} +\infty, & p < 1 \\ \dfrac{1}{p-1}, & p > 1 \end{cases}$ 。

因此，当 $p > 1$ 时，题设广义积分收敛，其值为 $\dfrac{1}{p-1}$ ；

当 $p \leqslant 1$ 时，题设广义积分发散。

【例 16】计算如图 3-7 所示曲线 $y = \sin x$ 在 $[0, \pi]$ 上与 x 轴所围成的平面图形面积。

解： 由定积分的几何意义可求出平面图形面积：

$A = \int_0^{\pi} \sin x\mathrm{d}x$

$= -\cos x \Big|_0^{\pi} = \cos x \Big|_{\pi}^0 = 2$ 。

【例 17】求由抛物线 $y = x^2$ 和 $x = y^2$ 所围成图形的面积 A 。

解： 如图 3-8 所示。

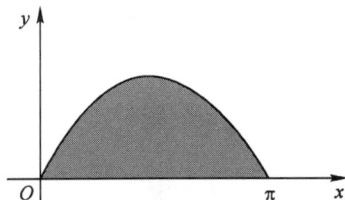

图 3-7

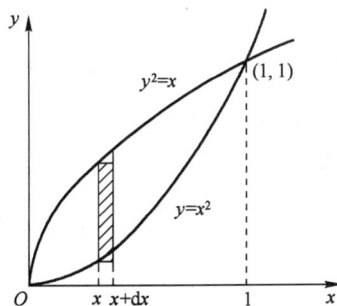

图 3-8

① 先求交点。

$$\begin{cases} y = x^2 \\ x = y^2 \end{cases} \Rightarrow 解得交点为 (0,0) 和 (1,1)，$$

所求面积是曲线 $y = x^2$，$x = y^2$，$x = 0$ 和 $x = 1$ 所围图形。

② 选 x 为积分变量，则积分下限为 0、上限为 1，$x \in [0,1]$，

在 $[0,1]$ 上任取一小区间 $[x, x + \mathrm{d}x]$，则可得到 A 的面积微元：$\mathrm{d}A = [\sqrt{x} - x^2]\mathrm{d}x$，

因此所求面积：$A = \int_0^1 [\sqrt{x} - x^2]\mathrm{d}x = \left(\dfrac{2}{3} x^{\frac{3}{2}} - \dfrac{1}{3} x^3 \right)\Big|_0^1 = \dfrac{1}{3}$。

注：此题中我们选取了 x 为积分变量，也可选取 y 为积分变量。

【例 18】求由 $x = 0, y = \sin x, y = \cos x$，$x \in \left[0, \dfrac{\pi}{4} \right]$ 所围成形面积 A。

解：如图 3-9 所示，选 x 为积分变量，$x \in \left[0, \dfrac{\pi}{4} \right]$，

面积元素为：$\mathrm{d}A = (\cos x - \sin x)\mathrm{d}x$，

故所求面积为

$$A = \int_0^{\frac{\pi}{4}} \mathrm{d}A = \int_0^{\frac{\pi}{4}} (\cos x - \sin x)\mathrm{d}x = [\sin x + \cos x]\Big|_0^{\frac{\pi}{4}} = \sqrt{2} - 1。$$

【例 19】求如图 3-10 所示由曲线 $y^2 = 2x$ 和 $y = x - 4$ 所围成形面积 A。

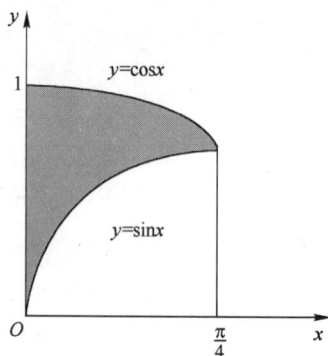

图 3-9

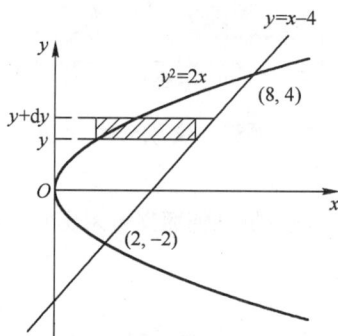

图 3-10

解：① 先求交点

$$\begin{cases} y^2 = 2x \\ y = x - 4 \end{cases} \Rightarrow 解得交点为 (2, -2) 和 (8, 4)，$$

所求面积可看做是曲线 $y^2 = 2x$，$y = x - 4$，$y = -2$ 和 $y = 4$ 所围图形的面积。

② 选 y 为积分变量，$y \in [-2, 4]$

可得面积微元 $\mathrm{d}A = \left[(y + 4) - \dfrac{y^2}{2} \right]\mathrm{d}y$，

故所求的面积为：$A = \int_{-2}^4 \left[(y + 4) - \dfrac{y^2}{2} \right]\mathrm{d}y = \left[\dfrac{1}{2} y^2 + 4y - \dfrac{1}{6} y^3 \right]_{-2}^4 = 18$。

【例 20】求如图 3-11 所示由曲线 $y = x^2$ 和 $y = x^3 - 6x$ 所围成形的面积 A。

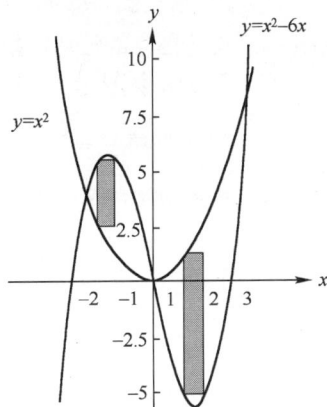

图 3-11

解：① 先求交点

$$\begin{cases} y = x^2 \\ y = x^3 - 6x \end{cases} \Rightarrow (0,0) \text{ 和 } (-2, 4), (3, 9),$$

② 选 x 为积分变量，$x \in [-2, 3]$

当 $x \in [-2, 0]$ 时，可得面积微元为：

$$\mathrm{d}A_1 = \left[(x^3 - 6x) - x^2 \right] \mathrm{d}x = (x^3 - 6x - x^2)\mathrm{d}x \quad \text{当} \quad x \in [0, 3]$$

时，面积微元为：

$$\mathrm{d}A_2 = \left[x^2 - (x^3 - 6x) \right] \mathrm{d}x = (x^2 - x^3 + 6x^3)\mathrm{d}x,$$

于是，所求面积为：

$$A = A_1 + A_2 = \int_{-2}^{0} (x^3 - 6x - x^2)\mathrm{d}x + \int_{0}^{3} (x^2 - x^3 + 6x^3)\mathrm{d}x = \frac{253}{12}。$$

【例 21】指出下列各式中哪些是微分方程，是微分方程的指出它的阶数。

① $a\sin x + b\cos y = 0$；　　② $xy'' - y' + x = 0$；

③ $\mathrm{d}y = (4x - 1)\mathrm{d}x$；　　④ $(y')^2 = x - y$。

解：① 因为不含未知函数的导数或微分的形式，所以不是微分方程；

② 是微分方程。最高阶导数为二阶，所以是二阶微分方程；

③ 是微分方程。含有一阶的微分形式，所以是一阶微分方程；

④ 是微分方程。最高阶导数为一阶，是一阶微分方程。

注意：这里要分清"阶数"和"次数"的差别。

【类题】指出下列各式中哪些是微分方程，是微分方程的指出它的阶数。

① $y''' = 3$；　　② $3yy' + x(y')^2 = x^3$；

③ $y^2 - 3y + 2x = 0$；　　④ $\dfrac{\mathrm{d}^2 \rho}{\mathrm{d}\theta^2} = \cos\theta + 1$。

答案：① 是，三阶；② 是，一阶；③ 不是；④ 是，二阶。

【例 22】通解一定包含所有解?

解：不一定。例如，方程 $(y')^2 - 4y = 0$ 的通解为 $y = (x + C)^2$，但它不包含方程的解 $y = 0$。

注意：实际上，为了得到标准形式，经常需要将原微分方程变形，这样求出的通解有时就会丢掉原方程的某些解。例如，用变量分离法可求得 $y^2 \mathrm{d}x - x^2 \mathrm{d}y = 0$ 的通解为 $\dfrac{1}{y} = \dfrac{1}{x} + C$，此通解中并不包含 $x = 0$ 及 $y = 0$ 两个特解。

【例 23】验证下列各题中的函数是否为所给微分方程的解，并指出是通解还是特解。

① $xy' = 2y$，　$y = 5x^2$；　　　② $y'' + y = 0$，　$y = C_1 \sin x - C_2 \cos x$；

③ $x^2 y'' + xy' = 0$，　$y = C_1 \ln x + C_2 \ln x^2$。

解：此类题目的步骤一般是先将函数代入看是否是解，若是解则再根据任意常数的个数及原微分方程的阶数判断是通解还是特解。

① 将 $y = 5x^2$ 以及 $y' = 10x$ 代入原微分方程得 $x \cdot 10x = 2 \cdot 5x^2$ 为恒等式，所以是解，因为解中不含任意常数，所以为特解。

② $y' = C_1 \cos x + C_2 \sin x$，$y'' = -C_1 \sin x + C_2 \cos x$，代入原方程后可使之恒等，又因为解中含有两个独立的任意常数，原方程为二阶微分方程，所以是通解。

③ 函数可变形为 $y = C_1 \ln x + C_2 \ln x^2 = C_1 \ln x + 2C_2 \ln x = (C_1 + 2C_2)\ln x = C \ln x$，其中 $C = (C_1 + 2C_2)$，将 $y' = \dfrac{C}{x}$，$y'' = -\dfrac{C}{x^2}$ 代入原微分方程成立，因此是解。

原函数表达式中虽然看起来含有两个任意常数，但并不是相互独立的，将其合并之后则只剩一个任意常数 $C = (C_1 + 2C_2)$，而原微分方程阶数是 2，因此不是通解。

【类题】验证下列各题中的函数是否为所给微分方程的解，并指出是通解还是特解。

① $y = (1+x)y'$，$y = (1+x)$；　　　② $xy' = y(\ln y - \ln x)$，$y = ex$；

③ $y' - 2y = 0$，$y = C_1 e^{2x+C_2}$。

答案：① 特解；② 特解；③ 通解。

【例 24】通解中的积分曲线是否一定相互平行（注：两曲线平行是指两曲线在横坐标相等的点处切线斜率相同）？

解：不一定。若通解的一阶导数中含有任意常数，则积分曲线不相互平行。例如，$y'' = 1$ 的通解（积分曲线族）为 $y = \dfrac{x^2}{2} + C_1 x + C_2$，但是 $y'(x_0) = x_0 + C_1$ 并不是一个确定的常数，即不同积分曲线在横坐标相等的点处切线斜率未必相同。

【例 25】求微分方程 $y' = \dfrac{1+y^2}{1+x^2}$ 满足初始条件 $y|_{x=0} = 0$ 的特解。

解：此方程为较明显的可分离变量的微分方程。将原方程分离变量得

$$\frac{1}{1+y^2}dy = \frac{1}{1+x^2}dx，$$

两边积分得　　　　　$\displaystyle\int \frac{1}{1+y^2}dy = \int \frac{1}{1+x^2}dx$，

即得通解为　　　　　$\arctan y = \arctan x + C$。

代入初始条件 $y|_{x=0} = 0$，得 $C = 0$，所以 $\arctan y = \arctan x$，即 $y = x$ 为所求的特解。

【类题】求微分方程 $y' = \dfrac{x^3}{y^2}$ 满足初始条件 $y|_{x=1} = 1$ 的特解。

答案：$4y^3 = 3x^4 + 1$。

【例 26】求微分方程 $xy\,dx + (1+x^2)dy = 0$ 的通解。

解：此方程可通过移项变形为标准形式。原方程分离变量得

$$\frac{1}{y}dy = -\frac{x}{1+x^2}dx，$$

两边积分得　　　　　$\displaystyle\int \frac{1}{y}dy = -\int \frac{x}{1+x^2}dx$，

$$\ln y = -\frac{1}{2}\int \frac{1}{1+x^2}d(1+x^2)，$$

即得通解　　　　　$\ln y = -\dfrac{1}{2}\ln(1+x^2) + \ln C$，

从而　　　　　　　$y = \dfrac{C}{\sqrt{1+x^2}}$。

【例 27】微分方程通解中的任意常数 C 最终可表示为 e^{C_1}，$\sin C_2$（C_1，C_2 为任意常数），$\ln C_3$（C_3 为实数，$C_3 > 0$）等形式吗?

解：不能表示为 e^{C_1}，$\sin C_2$，能表示为 $\ln C_3$，因为只有 $\ln C_3$ 的值域为全体实数。

为了化简过程及结果，在计算时经常把任意常数转化为不同的形式，但在转化时要注意不同形式间取值的差别。

【类题】求微分方程 $\dfrac{\mathrm{d}y}{\mathrm{d}x} = -(\sin x)y$ 的通解。

答案：$y = C\mathrm{e}^{\cos x}$。

【例 28】求微分方程 $y' + \dfrac{\mathrm{e}^{x+y^2}}{y} = 0$ 满足初始条件 $y|_{x=0} = 0$ 的特解。

解：指数上相加的形式很容易化为乘积的形式，进而化为标准的可分离变量方程的形式。

先将原方程化为 $\qquad\qquad \dfrac{\mathrm{d}y}{\mathrm{d}x} + \dfrac{\mathrm{e}^{y^2}}{y}\mathrm{e}^x = 0$，

分离变量得 $\qquad\qquad \dfrac{y}{\mathrm{e}^{y^2}}\mathrm{d}y = -\mathrm{e}^x\mathrm{d}x$，

两边积分得 $\qquad\qquad \int y\mathrm{e}^{-y^2}\mathrm{d}y = -\int \mathrm{e}^x\mathrm{d}x$，

即得通解： $\qquad\qquad \dfrac{1}{2}\mathrm{e}^{-y^2} = \mathrm{e}^x + C$，

代入初始条件 $y|_{x=0} = 0$，得 $C = -\dfrac{1}{2}$，所以 $\dfrac{1}{2}\mathrm{e}^{-y^2} = \mathrm{e}^x - \dfrac{1}{2}$ 就是所求的特解。

【类题】求微分方程 $y' = \mathrm{e}^{2y-x}$ 满足初始条件 $y|_{x=0} = 0$ 的特解。

答案：$\mathrm{e}^{-2y} = 2\mathrm{e}^{-x} - 1$。

【例 29】求微分方程 $y' = \dfrac{y}{x} + \tan\dfrac{y}{x}$ 满足初始条件 $y|_{x=1} = \dfrac{\pi}{6}$ 的特解。

解：容易看出此方程为齐次微分方程。设 $u = \dfrac{y}{x}$，则 $y = ux$，$y' = u'x + u$，

代入原方程并化简得 $\qquad u'x = \tan u$，

分离变量得 $\qquad\qquad \cot u\,\mathrm{d}u = \dfrac{1}{x}\mathrm{d}x$，

两边积分得 $\qquad\qquad \ln\sin u = \ln x + \ln C$，

将 $u = \dfrac{y}{x}$ 代入，得原方程的通解为 $\sin\dfrac{y}{x} = Cx$，

将初始条件 $y|_{x=1} = \dfrac{\pi}{6}$ 代入通解得 $C = \dfrac{1}{2}$，因此所求特解就是 $\sin\dfrac{y}{x} = \dfrac{1}{2}x$。

【类题】求微分方程 $y' = \dfrac{y}{x} + 5$ 满足初始条件 $y|_{x=1} = 2$ 的特解。

答案：$y = x(5\ln|x| + 2)$。

【例 30】求微分方程 $x\mathrm{d}y - (x+y)\mathrm{d}x = 0$ 的通解。

解：此方程需要先做简单的变形才能看出是齐次方程。原方程可化为

$$y' = \frac{y}{x} + 1 \ ,$$

设 $u = \frac{y}{x}$，则 $y = ux$，$y' = u'x + u$，代入原方程并化简得

$$u'x = 1 \ , \quad \text{即} \ u' = \frac{1}{x} \ ,$$

直接积分得

$$u = \ln x + C \ ,$$

将 $u = \frac{y}{x}$ 代入并整理，得原方程的通解为 $y = x(\ln x + C)$。

【类题】求微分方程 $x^2 dy + (y^2 - xy)dx = 0$ 的通解。

答案：$x = y \ln x + Cy$。

【例 31】求微分方程 $xy' - 3y = 2x^2$ 的通解。

解：原方程可化为 $y' - \frac{3}{x} y = 2x$，这是一阶线性非齐次微分方程。

解一 常数变易法

① 先求出对应的齐次方程 $y' - \frac{3}{x} y = 0$ 的通解为 $y = Ce^{-\int(-\frac{3}{x})dx} = Cx^3$，

② 用常数变易法求非齐次方程的通解，设原方程的解为 $y = u(x)x^3$，则

$$y' = u'(x)x^3 + 3u(x)x^2 \ ,$$

将 y，y' 代入原方程得

$$u'(x)x^3 + 3u(x)x^2 - \frac{3}{x} \cdot u(x)x^3 = 2x \ ,$$

整理化简得

$$u'(x) = \frac{2}{x^2} \ ,$$

积分得

$$u(x) = -\frac{2}{x} + C \ ,$$

所以非齐次方程的通解为 $y = x^3\left(-\frac{2}{x} + C\right)$，即 $y = Cx^3 - 2x^2$。

在使用此方法时，将 y，y' 代入原方程化简时，式中的第二、三项必然消去，否则必定是前面的计算过程出现了错误。

解二 直接利用公式求解

将 $P(x) = -\frac{3}{x}$，$Q(x) = 2x$，代入公式得通解为

$$y = e^{\int \frac{3}{x} dx}\left[\int 2x e^{-\int \frac{3}{x} dx} dx + C\right] = e^{3\ln x}\left[\int 2x e^{-3\ln x} dx + C\right]$$

$$= x^3\left[\int 2x^{-2} dx + C\right] = x^3\left(-\frac{2}{x} + C\right) = Cx^3 - 2x^2 \ 。$$

【类题】求微分方程 $y' + y = e^{-x}$ 的通解。

答案：$y = e^{-x}(x + C)$。

【例 32】求微分方程 $y' - 2xy = e^{x^2}\cos x$ 满足初始条件 $y\big|_{x=0} = 2$ 的特解。

解：这是较明显的一阶线性微分方程，其中 $P(x) = -2x$，$Q(x) = e^{x^2}\cos x$。

解一 常数变易法

① 先求出对应的齐次方程 $y' - 2xy = 0$ 的通解 $y = Ce^{-\int(-2x)dx} = Ce^{x^2}$，

② 用常数变易法求非齐次方程的通解。设原方程的解为 $y = u(x)e^{x^2}$，则

$$y' = u'(x)e^{x^2} + 2xu(x)e^{x^2}，$$

将其代入原方程得

$$u'(x)e^{x^2} + 2xu(x)e^{x^2} - 2xu(x)e^{x^2} = e^{x^2}\cos x，$$

整理化简得 $\qquad u'(x) = \cos x$，

积分得 $\qquad u(x) = \sin x + C$，

所以非齐次方程的通解为 $\qquad y = e^{x^2}(\sin x + C)$，

由 $y\big|_{x=0} = 2$ 可解得 $C = 2$，所求特解为 $y = e^{x^2}(\sin x + 2)$。

解二 直接利用公式求解

$$y = e^{\int 2xdx}\left[\int e^{x^2}\cos x e^{-\int 2xdx}dx + C\right] = e^{x^2}\left[\int\cos xdx + C\right] = e^{x^2}(\sin x + C)，$$

类似解法一代入初始条件，可得特解 $y = e^{x^2}(\sin x + 2)$。

【类题】求微分方程 $xy' = \sin x - y$ 满足初始条件 $y\big|_{x=\frac{\pi}{2}} = 1$ 的特解。

答案：$y = \dfrac{1}{x}\left(-\cos x + \dfrac{\pi}{2}\right)$。

【例 33】设 $y = y(x)$ 可导，求解积分方程 $2\int_0^x y(t)\sin tdt + y(x)\cos x = x + 1$。

解：积分方程可通过对方程两边同时求导变为微分方程。对题目中的等式两边求导，其中要注意变上限积分求导和乘积求导的方法，便可得到如下的微分方程：

$$2y(x)\sin x + y'(x)\cos x - y(x)\sin x = 1，$$

整理之后得

$y'\cos x + y\sin x = 1$，　即 $y' + y\tan x = \sec x$，

这是一阶线性微分方程，可求得其通解为

$$y = e^{-\int\tan xdx}\left[\int\sec x e^{\int\tan xdx}dx + C\right] = \cos x(\tan x + C) = \sin x + C\cos x。$$

注意到当 $x = 0$ 时，由原积分方程可得 $y(0) = 1$ 为初始条件，代入通解得 $C = 1$，所以满足积分方程的解为 $y = \sin x + \cos x$。

【类题】设 $y = y(x)$ 可微，且 $y(x) = \int_0^x y(t)dt + x + 1$，试求 $y(x)$。

答案：$y = 2e^x - 1$。

【例 34】若曲线在点 $M(x, y)$ 处的切线斜率等于该点横坐标的 4 倍且过点 $(2, 5)$，求该曲线的方程。

解：由题意可得 $y' = 4x$，积分得 $y = 2x^2 + C$，这表示一簇积分曲线。代入初始条件，即点的坐标 $(2, 5)$，得 $C = -3$，所以该曲线方程为 $y = 2x^2 - 3$。

【类题】求过点 $(0, 2)$ 的曲线，使其在点 (x, y) 处的切线的斜率等于 $3(y + 1)$。

答案：$y = 3e^{3x} - 1$。

【例35】某种细菌的增长率与当时该细菌的总量成正比。假设开始时有 100 个细菌，2h 后增长到 200 个，那么 4h 后总数将达到多少？

解：列微分方程时最重要的是要找到关于某变量的相等的关系，本题中即应从"增长率与当时的总量成正比"这句话入手。

设细菌总数为 W ，则由题意即可得 $\dfrac{\mathrm{d}W}{\mathrm{d}t} = kW$ ，

由此解得 $\quad \ln W = kt + C$ ，

代入 $W\big|_{t=0} = 100$ 以及 $W\big|_{t=2} = 200$ ，得 $C = \ln 100$ 以及 $k = \dfrac{1}{2}\ln 2$ ，

所以满足条件的特解为 $\ln W = \dfrac{t}{2}\ln 2 + \ln 100$ 。

当 $t = 4$ 时，$\ln W = 2\ln 2 + \ln 100 = \ln 400$ ，所以 $W\big|_{t=4} = 400$ （个）。

【例36】石子落在平静的水面上会使水产生同心波纹，若最外一圈波纹的半径增大率为 6m/s，问被扰动水面的面积的增大率。

解：由半径的增大率为 6m/s，可列方程 $\dfrac{\mathrm{d}r}{\mathrm{d}t} = 6$ ，并解得 $r = 6t + C$ ，代入初始时刻半径为 0 即可得特解 $r = 6t$ 。

按面积 $S = \pi r^2$ ，将半径代入得 $S(t) = 36\pi t^2$ ，则 S 的增大率即 $S'(t) = 72\pi t$ ；

也可以按复合函数先求导再代入，即 $\dfrac{\mathrm{d}S}{\mathrm{d}t} = \dfrac{\mathrm{d}(\pi r^2)}{\mathrm{d}t} = \dfrac{2\pi r \mathrm{d}r}{\mathrm{d}t} = 2\pi r \dfrac{\mathrm{d}r}{\mathrm{d}t}$ ，

将 $r = 6t$ 以及 $\dfrac{\mathrm{d}r}{\mathrm{d}t} = 6$ 代入，可得 $\dfrac{\mathrm{d}S}{\mathrm{d}t} = 72\pi t$ 。

【类题】某物体的运动速度为 $v = 2\cos t$ (m/s)，当 $t = \dfrac{\pi}{4}$ 时，该物体位于 $s = 10$ m 处，试求其运动方程 $s = s(t)$ 。

答案：$s = 2\sin t + 10 - \sqrt{2}$ 。

【基础知识试题】

一、填空题

1. 设函数若 $F'(x) = f(x)$ ，则称 $F(x)$ 是 $f(x)$ 的_____ 。

2. 设函数 $f(x) = 2^x + x^2$ ，则 $\int f'(x)\mathrm{d}x = $_____。

3. 设函数 $f(x) = 2^x + x^2$ ，则 $\int f(x)\mathrm{d}x = $_____。

4. $\int e^x \sin(e^x)\mathrm{d}x = $_____。

5. 若曲线在任一点切线斜率是 $2x$ ，则过点 $(-1, 4)$ 的曲线方程是_____。

6. 微分方程 $\dfrac{\mathrm{d}y}{\mathrm{d}x} = \sqrt{\dfrac{1-y^2}{1-x^2}}$ 是_____型微分方程，它的通解中含有___个任意常

数，其通解为_____。

7. 微分方程 $y' = e^{x-y}$ 的通解为_____。

8. 微分方程 $y \ln x \mathrm{d}x = x \ln y \mathrm{d}y$ 的通解为_____；满足初始条件 $y|_{x=1} = 1$ 的

特解为_____。

9. 一阶线性微分方程的形式为_____。

10. 微分方程 $y'' + y' = \cos x$ 的阶数为_____。

二、选择题

1. 设 $\sin x$ 是 $f(x)$ 的一个原函数，则 $\int f(x)\mathrm{d}x$ 是（　　）。

A. $\sin x$ ；　　　　　B. $-\cos x$ ；　　　　　C. $\sin x + C$ ；　　　　　D. $-\cos x + C$ 。

2. 设 $f(x)$ 可导，则 $\int \mathrm{d}f(x) = （　　）$。

A. $f(x)$ ；　　　　　B. $f(x) + C$ ；　　　　　C. $f(x)\mathrm{d}x + C$ ；　　　　　D. $f(x)\mathrm{d}x$ 。

3. 在区间 $[-1, 1]$ 上，可用牛顿—莱布尼兹公式计算定积分的函数是（　　）。

A. $\dfrac{1}{x^2}$ ；　　　　　B. $\dfrac{1}{\sqrt{2x-1}}$ ；　　　　　C. $\dfrac{1}{(3x+1)^2}$ ；　　　　　D. $\dfrac{1}{\sqrt{1+x^2}}$ 。

4. 设 $f(x) = x \ln x$ 且 $f'(x_0) = 2$ ，则 $f(x_0) = （　　）$。

A. 1；　　　　　B. e ；　　　　　C. $\dfrac{2}{\mathrm{e}}$ ；　　　　　D. $\dfrac{\mathrm{e}}{2}$ 。

5. 若 $\int_0^1 \mathrm{e}^x \arctan \mathrm{e}^x \mathrm{d}x = \int_a^b \arctan u \mathrm{d}u$ ，则 $a = ?\ b = ?$ （　　）。

A. $a = 0,\ b = 1$ ；　　　　　　　　　　B. $a = 0,\ b = \mathrm{e}$ ；

C. $a = \mathrm{e},\ b = 1$ ；　　　　　　　　　　D. $a = 1,\ b = \mathrm{e}$ 。

6. 下列方程是微分方程的是（　　）。

A. $y^2 - 3y + 2 = 0$　　　　　　　　　B. $y = 2x + 3$

C. $\mathrm{d}y = (4x - 1)\mathrm{d}x$　　　　　　　　　D. $a \sin x + b \cos x = 0$

7. 微分方程 $3y^2\mathrm{d}y + 2x^2\mathrm{d}x = 0$ 的阶数是（　　）。

A. 1　　　　　　　B. 2　　　　　　　C. 3　　　　　　　D. 0

8. 设有微分方程

（1）$(y'')^2 + 5y' - 4y + \sin x = 0$ ；　　　　（2）$y'' - y' + 8y^2 + \mathrm{e}^x = 0$ ；

（3）$(y^2 + 2xy - x)\mathrm{d}y - y^2\mathrm{d}x = 0$ 。则（　　）。

A. 方程（1）是线性微分方程　　　　B. 方程（2）是线性微分方程

C. 方程（3）是线性微分方程　　　　D. 都不是线性微分方程

9. 微分方程 $y' = 2xy + x^3$ 是（　　）。

A. 齐次微分方程　　　　　　　　　B. 可分离变量的微分方程

C. 一阶线性齐次微分方程　　　　　D. 线性非齐次的微分方程

10. 微分方程 $x\dfrac{\mathrm{d}y}{\mathrm{d}x} = 2y$ 的通解是（　　）。

A. $\ln y = Cx^2$　　　　　　　　　B. $y = \ln Cx^2$

C. $y = Cx^2$　　　　　　　　　　D. $y = \ln C^2 x^2$

三、求下列函数的不定积分或定积分

1. $\int (10^x + x^{10}) dx$；

2. $\int \dfrac{3 + 2\ln x}{x} dx$；

3. $\int \cos\left(\dfrac{x}{3} - 2\right) dx$；

4. $\int \dfrac{1}{x^2} \cos \dfrac{1}{x} dx$

5. $\int (x-1) e^{x^2 - 2x + 1} dx =$；

6. $\int_0^1 \dfrac{e^{2x} - 1}{e^x} dx$；

7. $\int_0^{\frac{\pi}{2}} \cos^3 x \sin x dx$；

8. $\int_{-\frac{\pi}{2}}^{\frac{\pi}{2}} |\sin x| dx$

9. $\int_{-1}^1 \sqrt{x^2} dx$；

10. $\int_0^1 \dfrac{x^2}{x^2 + 1} dx$。

四、求下列微分方程的通解或特解

1. $y' = 2xy$；

2. $\dfrac{dy}{dx} = \dfrac{y}{\sqrt{1 - x^2}}$；

3. $dy - 3x^2(y-1)dx = 0$；

4. $y' - \dfrac{2}{x} y = \dfrac{x}{y}$；

5. $y' - y \tan x = \sec x$；

6. $xy' + y + \cos x = 0$；

7. $\dfrac{dy}{dx} = \dfrac{(1-y)^2}{x^3}$，$\quad y|_{x=1} = 2$；

8. $y dx + (x^2 - 2x) dy = 0$，$\quad y|_{x=1} = 3$；

9. $y' + \dfrac{y}{x} = \dfrac{\sin x}{x}$，$\quad y|_{x=\pi} = 1$；

10. $y' - 2xy = xe^{x^2}$，$\quad y|_{x=0} = 2$。

五、计算下列广义积分

1. $\int_0^{+\infty} e^{-x} dx$；   2. $\int_0^{+\infty} \sin x dx$；   3. $\int_{\frac{\pi}{2}}^{+\infty} \dfrac{1}{x^2} \sin \dfrac{1}{x} dx$；   4. $\int_{-\infty}^{+\infty} \dfrac{dx}{1 + x^2}$。

六、应用题

1. 一条曲线过 $(2, 0)$，且在任意点处切线的斜率都等于该点的横坐标，求该曲线的方程。

2. 已知某产品产量的变化率是时间 t 的函数 $f(t) = at - b$（a, b 为常数），设此产品 t 时刻的产量函数为 $P(t)$，已知 $P(0) = 0$，求 $P(t)$。

3. 已知动点在时刻 t 的速度为 $v = 2t - 1$，且 $t = 0$ 时 $S = 4$，求此动点的运动方程。

4. 已知某物体运动的加速度 a 按以下正弦规律变化：$a = \sin \dfrac{2\pi}{3} t$。若初速度为 0，试求速度 v 随时间 t 的变化规律。

5. 求由曲线 $y = \sin x$ 与 $y = \cos x$ 所围成的平面图形的面积 A。

6. 求椭圆 $\dfrac{x^2}{a} + \dfrac{y^2}{b} = 1$ 的面积 A。

7. 设一曲线通过原点，且它的每一点处切线的斜率都等于 $2x + y$，求该曲线方程。

8. 一质量为 m 的质点沿直线运动，运动时质点所受的力 $F = a - bv$（其中 a, b 为常数，v 为质点运动的速度）。设质点由静止出发，求该质点的速度与时间的关系。

9. 对于许多鱼类的种群，鱼的体重 W（g）与长度 L（cm）是密切相关的，生物学家

研究后发现二者满足如下的关系：$\dfrac{\mathrm{d}W}{\mathrm{d}L}=3\dfrac{W}{L}$，试求出鱼的体重与长度的函数关系。若在小鱼体长至 5cm 时测得体重为 2.5 g，问成年后长度达到 20cm 时体重大约为多少？

　　10. 某动物种群数量增长的速度与当前数量成正比，若起初有 50 只，一年后变为 100 只，问三年后将有多少只？

【基础知识试题答案】

一、填空题

1. 一个原函数；2. 2^x+x^2+C；3. $\dfrac{2^x}{\ln 2}+\dfrac{x^3}{3}+C$；4. $-\cos\left(e^x\right)+C$；5. $y=x^2+3$。

6. 可分离变量，1，$\arcsin y=\arcsin x+C$；7. $e^y=e^x+C$；

8. $(\ln x)^2=(\ln y)^2+C$，$\ln x=\pm\ln y$；

9. $y'+P(x)y=Q(x)$；　　　10. 2 阶。

二、选择题

1. C；2. B；3. D；4. B；5. D；6. C；7. A；8. D；9. D；10. C。

三、求下列函数的不定积分或定积分

1. $\dfrac{10^x}{\ln 10}+\dfrac{x^{11}}{11}+C$；　　　　2. $3\ln x+\left(\ln x\right)^2+C$；

3. $3\sin\left(\dfrac{x}{3}-2\right)+C$；　　　　4. $-\sin\dfrac{1}{x}+C$；

5. $\dfrac{1}{2}e^{x^2-2x+1}+C$；　　　　6. $e+\dfrac{1}{e}-2$；

7. $\dfrac{1}{4}$；　　　　8. 2；

9. 1；　　　　10. $1-\dfrac{\pi}{4}$。

四、求下列微分方程的通解或特解

1. $y=Ce^{x^2}$；　　　　2. $y=Ce^{\arcsin x}$；

3. $y=Ce^{x^3}+1$；　　　　4. $y^2=Cx^4-x^2$；

5. $y=\dfrac{1}{\cos x}(x+C)$；　　　　6. $y=\dfrac{1}{x}(-\sin x+C)$；

7. $y=\dfrac{3x^2+1}{x^2+1}$；　　　　8. $y^2=\dfrac{9x}{2-x}$；

9. $y=\dfrac{1}{x}(-\cos x+\pi-1)$；　　　　10. $e^{x^2}\left(\dfrac{x^2}{2}+2\right)$。

五、计算下列广义积分

1. 1；2. ∞；3. 1；4. π。

六、应用题

1. $y=\dfrac{x^2}{2}-2$。　　　　2. $P(t)=\dfrac{a}{2}t^2-bt$。

3. $S(t) = t^2 - t + 4$。

4. $v(t) = -\dfrac{3}{2\pi}\cos\dfrac{2\pi}{3}t + \dfrac{3}{2\pi}$。

5. $2(\sqrt{2}-1)$。

6. πab。

7. $y = 2(e^x - x - 1)$。

8. $v = \dfrac{a}{b}\left(1 - e^{-\frac{b}{m}t}\right)$。

9. $W = CL^3$；160g。

10. 400 只。

【能力提高试题】

1. 计算下列不定积分。

（1）$\displaystyle\int \dfrac{1}{x^2(1+x^2)}dx$；

（2）$\displaystyle\int \dfrac{\sqrt[3]{1+2\ln x}}{x}dx$；

（3）$\displaystyle\int \dfrac{1}{x^2}e^{\frac{2}{x}}dx$；

（4）$\displaystyle\int \dfrac{1}{\sqrt{x}(1+x)}dx$；

（5）$\displaystyle\int x^3\sqrt{1-x^2}dx$；

（6）$\displaystyle\int \sqrt{\dfrac{1-x}{1+x}}dx$。

2. 计算下列定积分。

（1）$\displaystyle\int_{-1}^{2}|x-1|dx$；

（2）$\displaystyle\int_{-1}^{1}e^{|x|}dx$；

（3）$\displaystyle\int_{-1}^{1}x^2(1+\tan x)dx$；

（4）$\displaystyle\int_{0}^{\pi}\sqrt{\sin^3 x - \sin^5 x}dx$。

3. 求下列函数的极限。

（1）$\displaystyle\lim_{x\to 0}\dfrac{\int_0^x \tan t\,dt}{x^2}$；（2）$\displaystyle\lim_{x\to 0^+}\dfrac{\int_0^{x^2}(1+\sqrt{t})dt}{x^2}$；（3）$\displaystyle\lim_{x\to 0}\dfrac{\int_0^x \sin t^2\,dt}{x^3}$。

4. 求下列变限积分的导数。

（1）$y = \displaystyle\int_1^{x^2}\sqrt{1+t^2}dt$；

（2）$y = \displaystyle\int_{\cos x}^{e^x}(\cos t)^2 dt$。

5. 求下列广义积分，并说明敛散性。

（1）$\displaystyle\int_{-\infty}^{+\infty}\dfrac{1}{x^2+2x+5}dx$；

（2）$\displaystyle\int_0^1 \dfrac{\arccos x}{\sqrt{1-x^2}}dx$。

6. 求下列平面图形的面积。

（1）由曲线 $y=e^x$，$y=e^{2x}$，$y=2$ 所围成的平面图形的面积；

（2）由曲线 $y=\sin x$，$y=\sin 2x$，$x\in[0,\pi]$ 所围成的平面图形的面积。

7. 求下列微分方程的通解。

（1）$xy' - y\ln y = 0$；

（2）$\sec^2 x\tan y\,dx + \sec^2 y\tan x\,dy = 0$；

（3）$(xy+x)y' = y$；

（4）$(x-y)dx + xdy = 0$；

（5） $x\dfrac{\mathrm{d}y}{\mathrm{d}x}+x^2\sin x=y$；　　　　（6） $(x^2-1)y'+2xy+\sin x=0$。

8．求下列微分方程满足初始条件的特解。

（1） $(1+\mathrm{e}^x)\mathrm{d}y=\mathrm{e}^x y\mathrm{d}x$，　 $y|_{x=0}=1$；

（2） $xy'+(1-x)y=\mathrm{e}^{2x}$，　 $y|_{x=1}=0$；

（3） $\dfrac{\mathrm{d}y}{\mathrm{d}x}=\dfrac{y^2-2xy+2x^2}{x^2}$，　 $y|_{x=1}=0$。

9．设 $y=y(x)$ 可导，求解积分方程 $y(x)+2\displaystyle\int_0^x y(t)\mathrm{d}t=x$。

10．物体在空气中冷却的速度与物体温度和空气温度之差成正比。已知空气温度为 30℃，物体在 15 分钟内从 100℃ 冷却到 70℃，试求物体冷却到 40℃ 所需时间。

11．在面对某一群人推广某技术时是通过其中已掌握该技术的人进行的，假设该人群总人数为 N，开始时掌握技术者的数量为 M，任意时刻的推广速度 W（掌握技术者数量的增长率）与已掌握技术者和未掌握技术者的数量之积成正比，求掌握技术者数量的增长方式。

12．一个卫生球体积的挥发率正比于它的表面积，假定挥发过程中始终保持圆球的形状，已知半径为 1cm 的卫生球两个月后体积挥发掉了 $\dfrac{7}{8}$，问多久之后就会全部挥发？（提示：可参考【例 36】，先求出半径与时间的函数关系。）

【能力提高试题答案】

1．（1） $\arctan x+\dfrac{1}{x}+C$；（2） $\dfrac{3}{8}(1+2\ln x)^{\frac{4}{3}}+C$；（3） $-\dfrac{1}{2}\mathrm{e}^{\frac{2}{x}}+C$；（4） $2\arctan\sqrt{x}+C$；

（5） $\dfrac{1}{5}\left(1-x_2\right)^{\frac{5}{2}}-\dfrac{1}{3}\left(1-x^2\right)^{\frac{3}{2}}+C$；（6） $\arcsin x+\sqrt{1-x^2}+C$。

2．（1） $\dfrac{3}{2}$；（2） $2(\mathrm{e}-1)$；（3） $\dfrac{2}{3}$；（4） $\dfrac{4}{5}$。

3．（1） $\dfrac{1}{2}$；（2） 1；（3） $\dfrac{1}{3}$。

4．（1） $3x^2\sqrt{1+x^6}$；（2） $\mathrm{e}^x\cos^2\mathrm{e}^x+\sin x\cos^2(\cos x)$。

5．（1） $\dfrac{\pi}{2}$，收敛；（2） $\dfrac{\pi^2}{8}$，收敛。

6．（1） $\ln 2-\dfrac{1}{2}$；（2） $\dfrac{5}{2}$。

7．（1） $y=\mathrm{e}^{cx}$；（2） $\tan x\tan y=C$；（3） $y\mathrm{e}^y=Cx$；（4） $y=-x\ln x+Cx$；

（5） $y=x(\cos x+C)$；（6） $y=\dfrac{1}{x^2-1}(\cos x+C)$。

8．（1） $y=\dfrac{1}{2}(1+\mathrm{e}^x)$；（2） $y=\dfrac{\mathrm{e}^x}{x}(\mathrm{e}^x-\mathrm{e})$；（3） $\dfrac{y-x}{y-2x}=\dfrac{1}{2}x$。

9. $y = \dfrac{1}{2} - \dfrac{1}{2}\mathrm{e}^{-2x}$。

10. 约52min。

11. $W(t) = \dfrac{NC\mathrm{e}^{kNt}}{1 + C\mathrm{e}^{kNt}}$，$C = \dfrac{M}{N - M}$。

12. 4个月后。

第 4 章　无穷级数

【基本知识导学】

一、常数项级数的基本概念与结论

1. 基本概念

（1）无穷级数：已知数列 $u_1, u_2, \cdots, u_n, \cdots$，称 $\sum\limits_{n=1}^{\infty} u_n$ 为无穷级数，简称级数。u_n 称为级数的一般项。

（2）部分和：无穷级数的前 n 项和 $s_n = u_1 + u_2 + \cdots + u_n$ 称为级数的部分和。

（3）收敛与发散：若 $\lim\limits_{n\to\infty} s_n = s$，则称级数 $\sum\limits_{n=1}^{\infty} u_n$ 收敛，其和为 s，记作：$\sum\limits_{n=1}^{\infty} u_n = s$；若 $\lim\limits_{n\to\infty} s_n$ 不存在，则称级数 $\sum\limits_{n=1}^{\infty} u_n$ 发散。

（4）余项：若级数 $\sum\limits_{n=1}^{\infty} u_n$ 收敛，则称 $r_n = s - s_n = u_{n+1} + u_{n+2} + \cdots$ 为级数 $\sum\limits_{n=1}^{\infty} u_n$ 的余项。

（5）正项级数：当 $u_n \geqslant 0$ 时，称级数 $\sum\limits_{n=1}^{\infty} u_n$ 为正项级数。

（6）交错级数：若 $u_n > 0 (n = 1, 2, \cdots)$，则级数 $\sum\limits_{n=1}^{\infty} (-1)^{n-1} u_n$ 或 $\sum\limits_{n=1}^{\infty} (-1)^n u_n$ 称为交错级数。

（7）一般数项级数：若 u_n $(n = 1, 2, \cdots)$ 的值可正、可负或为零，则称 $\sum\limits_{n=1}^{\infty} u_n$ 为一般数项级数。

2. 基本性质

（1）如果常数 $k \neq 0$，则级数 $\sum\limits_{n=1}^{\infty} u_n$ 与 $\sum\limits_{n=1}^{\infty} k u_n$ 有相同的敛散性；

（2）若级数 $\sum\limits_{n=1}^{\infty} u_n$ 和 $\sum\limits_{n=1}^{\infty} v_n$ 都收敛，则级数 $\sum\limits_{n=1}^{\infty} (u_n \pm v_n)$ 必收敛；

（3）增加、减少或改变级数的有限项，不改变级数的敛散性；

（4）（级数收敛的必要条件）如果级数 $\sum\limits_{n=1}^{\infty} u_n$ 收敛，则 $\lim\limits_{n\to\infty} u_n = 0$。

注意：若 $\lim\limits_{n\to\infty} u_n \neq 0$，则级数 $\sum\limits_{n=1}^{\infty} u_n$ 发散。

3. 级数敛散性的判别法
（1）正项级数

收敛的基本定理：正项级数 $\sum\limits_{n=1}^{\infty} u_n$ 收敛的充要条件是其部分和数列 $\{s_n\}$ 有界。

敛散性的判别法：比较判别法和比值判别法。

① 比较判别法

设 $\sum\limits_{n=1}^{\infty}u_n$ 与 $\sum\limits_{n=1}^{\infty}v_n$ 都是正项级数，且从某一项开始恒有 $u_n \leqslant v_n$ ，那么若 $\sum\limits_{n=1}^{\infty}v_n$ 收敛，则 $\sum\limits_{n=1}^{\infty}u_n$ 收敛；若 $\sum\limits_{n=1}^{\infty}u_n$ 发散，则 $\sum\limits_{n=1}^{\infty}v_n$ 发散。

② 比值判别法

设 $\sum\limits_{n=1}^{\infty}u_n$ 是正项级数，且 $\lim\limits_{n\to\infty}\dfrac{u_{n+1}}{u_n}=\rho$ ，则当 $\rho<1$ 时，$\sum\limits_{n=1}^{\infty}u_n$ 收敛；当 $\rho>1$ 时，$\sum\limits_{n=1}^{\infty}u_n$ 发散；当 $\rho=1$ 时，$\sum\limits_{n=1}^{\infty}u_n$ 可能收敛，也可能发散。

（2）交错级数

莱布尼兹判别法：若交错级数 $\sum\limits_{n=1}^{\infty}(-1)^{n-1}u_n(u_n>0)$ 满足条件：（i）$u_n \geqslant u_{n+1}$ $(n=1,2,\cdots)$；（ii）$\lim\limits_{n\to\infty}u_n=0$ ，则该交错级数收敛，且其和 $s \leqslant u_1$。

（3）一般数项级数

① 绝对收敛：若级数 $\sum\limits_{n=1}^{\infty}|u_n|$ 收敛，则称 $\sum\limits_{n=1}^{\infty}u_n$ 为绝对收敛；

② 条件收敛：若级数 $\sum\limits_{n=1}^{\infty}u_n$ 收敛，而 $\sum\limits_{n=1}^{\infty}|u_n|$ 发散，则称 $\sum\limits_{n=1}^{\infty}u_n$ 为条件收敛。

4. 结论

（1）等比级数 $\sum\limits_{n=1}^{\infty}aq^{n-1}$：当 $|q|<1$ 时级数收敛，且 $\sum\limits_{n=1}^{\infty}aq^{n-1}=\dfrac{a}{1-q}$ ，当 $|q|\geqslant1$ 时级数发散；

（2）$p-$ 级数 $\sum\limits_{n=1}^{\infty}\dfrac{1}{n^p}$：当 $p>1$ 时级数收敛，当 $p\leqslant1$ 时级数发散；

（3）调和级数 $\sum\limits_{n=1}^{\infty}\dfrac{1}{n}$ 发散；

（4）级数 $\sum\limits_{n=1}^{\infty}(-1)^n\dfrac{1}{n}$ 收敛，且为条件收敛；

（5）若级数 $\sum\limits_{n=1}^{\infty}|u_n|$ 收敛，则 $\sum\limits_{n=1}^{\infty}u_n$ 收敛。

二、幂级数的基本概念与性质

1. 基本概念

（1）幂级数：形如 $\sum\limits_{n=0}^{\infty}a_nx^n$ 或 $\sum\limits_{n=0}^{\infty}a_n(x-x_0)^n$ 的函数项级数称为幂级数，$a_n(n=0,1,2,\cdots)$ 称为幂级数的系数。

（2）收敛区间与收敛半径：若幂级数 $\sum\limits_{n=0}^{\infty}a_nx^n$ 当 $|x|<R$ 时绝对收敛，当 $|x|>R$ 时发散，称正数 R 为幂级数的收敛半径，称区间 $(-R,R)$ 为幂级数的收敛区间。

（3）和函数：在 $(-R,R)$ 内幂级数收敛于函数 $s(x)$ ，则称 $s(x)$ 为幂级数的和函数。

2．幂级数的运算性质

设 $\sum_{n=0}^{\infty} a_n x^n = s(x)$，$x \in (-R, R)$，则

（1）$s(x)$ 在 $(-R, R)$ 内连续；

（2）$s(x)$ 在 $(-R, R)$ 内可导，且 $s'(x) = \left(\sum_{n=0}^{\infty} a_n x^n\right)' = \sum_{n=0}^{\infty} (a_n x^n)' = \sum_{n=1}^{\infty} n a_n x^{n-1}$；

（3）$s(x)$ 在 $(-R, R)$ 内可积，且 $\int_0^x s(x)\mathrm{d}x = \int_0^x \sum_{n=0}^{\infty} a_n x^n \mathrm{d}x = \sum_{n=0}^{\infty} \int_0^x a_n x^n \mathrm{d}x = \sum_{n=0}^{\infty} \frac{a_n}{n+1} x^{n+1}$；

（4）若 $\sum_{n=0}^{\infty} a_n x^n = s_1(x), x \in (-R_1, R_1)$，$\sum_{n=0}^{\infty} b_n x^n = s_2(x), x \in (-R_2, R_2)$，则

$$\sum_{n=0}^{\infty} (a_n \pm b_n) x^n = s_1(x) \pm s_2(x)，\text{其中 } R = \min(R_1, R_2)。$$

3．收敛区间和收敛半径的求法——绝对值的比值判别法

4．函数展开成幂级数

（1）直接展开法

① 求函数 $f(x)$ 的各阶导数，并计算函数 $f(x)$ 及其各阶导数在 $x = 0$ 时的值：

$$f(0), f'(0), f''(0), \cdots, f^{(n)}(0), \cdots$$

并由公式 $a_n = \frac{f^{(n)}(0)}{n!}$ 写出幂级数的系数，从而得到幂级数

$$f(0) + f'(0)x + \frac{f''(0)}{2!}x^2 + \cdots + \frac{f^{(n)}(0)}{n!}x^n + \cdots$$

② 求出展开的幂级数的收敛域；

③ 考察当 $x \in (-R, R)$ 时，余项 $R_n(x)$ 的极限

$$\lim_{n\to\infty} R_n(x) = \lim_{n\to\infty} \frac{f^{(n+1)}(\xi)}{(n+1)!} x^{n+1} \qquad (\xi \text{ 在 } 0 \text{ 与 } x \text{ 之间})$$

是否为零？如果为零，则函数 $f(x)$ 在收敛域内的幂级数展开式为

$$f(x) = f(0) + f'(0)x + \frac{f''(0)}{2!}x^2 + \cdots + \frac{f^{(n)}(0)}{n!}x^n + \cdots$$

（2）间接展开法

利用已知函数在 $x_0 = 0$ 处的幂级数展开式，通过加、减、乘、除、变量代换、逐项积分、逐项微分等方法，将给定的函数展成幂级数。

（3）几个常用函数的幂级数展开式

① $\frac{1}{1-x} = 1 + x + x^2 + \cdots + x^n + \cdots = \sum_{n=0}^{\infty} x^n \qquad x \in (-1, 1)$；

② $\mathrm{e}^x = 1 + x + \frac{x^2}{2!} + \cdots + \frac{x^n}{n!} + \cdots = \sum_{n=0}^{\infty} \frac{x^n}{n!} \qquad x \in (-\infty, +\infty)$；

③ $\sin x = x - \frac{x^3}{3!} + \cdots + (-1)^n \frac{x^{2n+1}}{(2n+1)!} + \cdots = \sum_{n=0}^{\infty} (-1)^n \frac{x^{2n+1}}{(2n+1)!} \qquad x \in (-\infty, +\infty)$；

④ $\cos x = 1 - \dfrac{x^2}{2!} + \dfrac{x^4}{4!} - \cdots + (-1)^n \dfrac{x^{2n}}{(2n)!} + \cdots = \sum\limits_{n=0}^{\infty}(-1)^n \dfrac{x^{2n}}{(2n)!}$　　$x \in (-\infty, +\infty)$；

⑤ $\ln(1+x) = x - \dfrac{x^2}{2} + \dfrac{x^3}{3} - \cdots + (-1)^{n-1}\dfrac{x^n}{n} + \cdots = \sum\limits_{n=0}^{\infty}(-1)^n \dfrac{x^{n+1}}{n+1}$　　$x \in (-1, 1]$。

三、傅里叶级数的基本概念与收敛定理

1. 基本概念

（1）傅里叶级数：设函数 $f(x)$ 是周期为 2π 的周期函数，且在 $[-\pi, \pi]$ 上可积，则称

$$a_n = \frac{1}{\pi}\int_{-\pi}^{\pi} f(x)\cos nx\,\mathrm{d}x \,(n = 0, 1, 2, \cdots)$$

$$b_n = \frac{1}{\pi}\int_{-\pi}^{\pi} f(x)\sin nx\,\mathrm{d}x \,(n = 1, 2, 3\cdots)$$

为 $f(x)$ 的傅里叶系数。称级数 $\dfrac{a_0}{2} + \sum\limits_{n=1}^{\infty}(a_n\cos nx + b_n\sin x)$ 为 $f(x)$ 的以 2π 为周期的傅里叶级数。记作

$$f(x) \sim \frac{a_0}{2} + \sum_{n=1}^{\infty}(a_n\cos nx + b_n\sin x)。$$

（2）周期延拓：在区间 $[-\pi, \pi)$ 或 $[-\pi, \pi)$ 外补充 $f(x)$ 的定义，使它拓广成一个周期为 2π 的周期函数 $F(x)$，这种拓广函数定义域的方法称为周期延拓。

（3）奇函数和偶函数的傅立叶级数。

当周期为 2π 的奇函数 $f(x)$ 展开成傅立叶级数时，它的傅立叶系数为

$$\begin{cases} a_n = 0 \,(n = 1, 2, 3, \cdots) \\ b_n = \dfrac{2}{\pi}\displaystyle\int_0^{\pi} f(x)\sin nx\,\mathrm{d}x \,(n = 1, 2, 3, \cdots) \end{cases}$$

当周期为 2π 的偶函数 $f(x)$ 展开成傅立叶级数时，它的傅立叶系数为

$$\begin{cases} a_n = \dfrac{2}{\pi}\displaystyle\int_0^{\pi} f(x)\cos nx\,\mathrm{d}x \,(n = 0, 1, 2, 3, \cdots) \\ b_n = 0 \,(n = 1, 2, 3, \cdots) \end{cases}$$

以上说明，如果 $f(x)$ 为奇函数，那么它的傅里叶级数是只含有正弦项的正弦级数

$$\sum_{n=1}^{\infty} b_n\sin nx$$

如果 $f(x)$ 为偶函数，那么它的傅里叶级数是只含有余弦项的余弦级数

$$\frac{a_0}{2} + \sum_{n=1}^{\infty} a_n\cos nx$$

（4）奇延拓与偶延拓。

奇延拓　令

$$F(x) = \begin{cases} f(x), & 0 < x \leqslant \pi \\ 0, & x = 0 \\ -f(-x), & -\pi < x < 0 \end{cases},$$

则 $F(x)$ 是定义在 $(-\pi, \pi]$ 上的奇函数，将 $F(x)$ 在 $(-\pi, \pi]$ 上展开成傅里叶级数，所得级数

必是正弦级数。再限制 x 在 $(0, \pi]$ 上，就得到 $f(x)$ 的正弦级数展开式。

　　偶延拓　令

$$F(x) = \begin{cases} f(x), & 0 \leqslant x \leqslant \pi \\ f(-x), & -\pi < x < 0 \end{cases},$$

　　则 $F(x)$ 是定义在 $(-\pi, \pi]$ 上的偶函数，将 $F(x)$ 在 $(-\pi, \pi]$ 上展开成傅里叶级数，所得级数必是余弦级数。再限制 x 在 $(0, \pi]$ 上，就得到 $f(x)$ 的余弦级数展开式。

　　2．收敛定理（狄利克雷充分条件）

　　设 $f(x)$ 是周期为 2π 的周期函数，如果 $f(x)$ 满足在一个周期内连续或只有有限个第一类间断点，并且至多只有有限个极值点．则 $f(x)$ 的傅里叶级数收敛，并且

　　（1）当 x 是 $f(x)$ 的连续点时，级数收敛于 $f(x)$；

　　（2）当 x 是 $f(x)$ 的间断点时，收敛于 $\dfrac{f(x^-) + f(x^+)}{2}$。

【例题解析】

【**例 1**】判断题（正确与否，请说明理由）。

① 数列 $\{u_n\}$ 收敛，则级数 $\displaystyle\sum_{n=1}^{\infty} u_n$ 也收敛。

　　答：不正确。数列 $\{u_n\}$ 收敛与级数 $\displaystyle\sum_{n=1}^{\infty} u_n$ 收敛不是一回事。数列 $\{u_n\}$ 收敛是 $\displaystyle\lim_{n\to\infty} u_n$ 存在。而级数 $\displaystyle\sum_{n=1}^{\infty} u_n$ 收敛是部分和数列 $\{s_n\}$ 收敛。

② 若级数 $\displaystyle\sum_{n=1}^{\infty} u_n$ 发散，则 $\displaystyle\lim_{n\to\infty} u_n \neq 0$。

　　答：不正确。例如，调和级数 $\displaystyle\sum_{n=1}^{\infty} \frac{1}{n}$ 发散，但 $\displaystyle\lim_{n\to\infty} u_n = \lim_{n\to\infty} \frac{1}{n} = 0$。

③ 若 $\displaystyle\lim_{n\to\infty} u_n = 0$，则级数 $\displaystyle\sum_{n=1}^{\infty} u_n$ 收敛。

　　答：不正确。例如，调和级数 $\displaystyle\sum_{n=1}^{\infty} \frac{1}{n}$ 中，$\displaystyle\lim_{n\to\infty} u_n = \lim_{n\to\infty} \frac{1}{n} = 0$，但 $\displaystyle\sum_{n=1}^{\infty} \frac{1}{n}$ 发散。

④ 若级数 $\displaystyle\sum_{n=1}^{\infty} u_n$ 收敛，$\displaystyle\sum_{n=1}^{\infty} v_n$ 发散，则 $\displaystyle\sum_{n=1}^{\infty} (u_n + v_n)$ 发散。

　　答：正确。

　　证明（反证法）：假设 $\displaystyle\sum_{n=1}^{\infty} (u_n + v_n)$ 收敛，又已知 $\displaystyle\sum_{n=1}^{\infty} u_n$ 收敛，所以由级数的性质知 $\displaystyle\sum_{n=1}^{\infty} v_n = \sum_{n=1}^{\infty} (u_n + v_n - u_n)$ 收敛，与已知 $\displaystyle\sum_{n=1}^{\infty} v_n$ 发散矛盾。假设不成立，原命题正确。

⑤ 若级数 $\displaystyle\sum_{n=1}^{\infty} u_n$ 发散，$\displaystyle\sum_{n=1}^{\infty} v_n$ 发散，则 $\displaystyle\sum_{n=1}^{\infty} (u_n + v_n)$ 发散。

　　答：不正确。例如，级数 $\displaystyle\sum_{n=1}^{\infty} 1$ 与 $\displaystyle\sum_{n=1}^{\infty} (-1)$ 都发散，但 $\displaystyle\sum_{n=1}^{\infty} (1-1) = \sum_{n=1}^{\infty} 0 = 0$ 收敛。

⑥ 级数加括号后不影响其收敛性。

答：不正确。例如，级数 $\sum\limits_{n=1}^{\infty}(-1)^{n-1}=1-1+1-1+\cdots+(-1)^{n-1}+\cdots$ 发散，加括号后成级数 $(1-1)+(1-1)+\cdots+(1-1)+\cdots$ 收敛。

⑦ 下面的做法对吗？

因为 $\dfrac{\cos\dfrac{n\pi}{3}}{n^2}<\dfrac{1}{n^2}$，又 $\sum\limits_{n=1}^{\infty}\dfrac{1}{n^2}$ 收敛，所以 $\sum\limits_{n=1}^{\infty}\dfrac{\cos\dfrac{n\pi}{3}}{n^2}$ 收敛。

答：不正确。因为 $\sum\limits_{n=1}^{\infty}\dfrac{\cos\dfrac{n\pi}{3}}{n^2}$ 是一般数项级数，不是正项级数，正确做法是：

因为 $\dfrac{\left|\cos\dfrac{n\pi}{3}\right|}{n^2}<\dfrac{1}{n^2}$，又 $\sum\limits_{n=1}^{\infty}\dfrac{1}{n^2}$ 收敛，所以由比较判别法知级数 $\sum\limits_{n=1}^{\infty}\dfrac{\cos\dfrac{n\pi}{3}}{n^2}$ 绝对收敛。

⑧ 若级数 $\sum\limits_{n=1}^{\infty}|u_n|$ 发散，则 $\sum\limits_{n=1}^{\infty}u_n$ 亦发散。

答：不正确。例如，调和级数 $\sum\limits_{n=1}^{\infty}\dfrac{1}{n}$ 发散，但 $\sum\limits_{n=1}^{\infty}(-1)^{n-1}\dfrac{1}{n}$ 是收敛的，且为条件收敛。

⑨ 若级数 $\sum\limits_{n=1}^{\infty}u_n$ 发散，则级数 $\sum\limits_{n=1}^{\infty}|u_n|$ 也发散。

答：正确。

证明(反证法)：假设 $\sum\limits_{n=1}^{\infty}|u_n|$ 收敛，则 $\sum\limits_{n=1}^{\infty}u_n$ 必收敛，与已知 $\sum\limits_{n=1}^{\infty}u_n$ 发散矛盾，故级数 $\sum\limits_{n=1}^{\infty}|u_n|$ 也发散。假设不成立，原命题正确。

【例 2】判别下列级数的敛散性。

① $\sqrt{0.001}+\sqrt[3]{0.001}+\sqrt[4]{0.001}+\cdots+\sqrt[n]{0.001}+\cdots$；

② $\sum\limits_{n=1}^{\infty}\left(\dfrac{1}{2^n}+\dfrac{1}{n^2}\right)$； ③ $\sum\limits_{n=1}^{\infty}\left[\left(\dfrac{-1}{2}\right)^n+\dfrac{1}{10n}\right]$。

解：① 因为 $\lim\limits_{n\to\infty}u_n=\lim\limits_{n\to\infty}\sqrt[n]{0.001}=1\neq 0$，故由级数收敛的必要条件知，级数发散。

② 由于级数 $\sum\limits_{n=1}^{\infty}\dfrac{1}{2^n}$ 为公比等于 $\dfrac{1}{2}$ 的等比级数；而级数 $\sum\limits_{n=1}^{\infty}\dfrac{1}{n^2}$ 为 $p=2$ 的 $p-$ 级数；这两级数均为收敛级数，故由级数的性质知原级数收敛。

③ 由于级数 $\sum\limits_{n=1}^{\infty}\left(\dfrac{-1}{2}\right)^n$ 为公比等于 $-\dfrac{1}{2}$ 的等比级数，故此级数收敛；而级数 $\sum\limits_{n=1}^{\infty}\dfrac{1}{10n}$ 是发散的；由级数的性质知原级数是发散的。

注意：做这类题要熟悉级数的基本性质、p 级数、等比级数的收敛性。这类题的特点是第①小题的一般项极限不为零；第②、③小题的一般项由两部分组成。

【类题】判断下列级数的敛散性。

① $\sum\limits_{n=1}^{\infty}\dfrac{1}{\left(\dfrac{1+n}{n}\right)^n}$； ② $\sum\limits_{n=1}^{\infty}\left(\dfrac{2^n}{7^n}+\dfrac{1}{n^3}\right)$。

答案：① 发散；② 收敛。

【例 3】用比较判别法判断下列级数的敛散性。

① $\sum\limits_{n=1}^{\infty}\dfrac{1}{n^2+n}$；② $\sum\limits_{n=1}^{\infty}\dfrac{1}{\sqrt{1+n^2}}$；③ $\sum\limits_{n=1}^{\infty}\dfrac{\cos^2 n\pi}{2^n}$。

解：① 因为 $u_n=\dfrac{1}{n^2+n}\leqslant\dfrac{1}{n^2}$，又级数 $\sum\limits_{n=1}^{\infty}\dfrac{1}{n^2}$ 收敛，由比较判别法知级数 $\sum\limits_{n=1}^{\infty}\dfrac{1}{n^2+n}$ 收敛。

② 因为 $u_n=\dfrac{1}{\sqrt{1+n^2}}\geqslant\dfrac{1}{\sqrt{n+n^2}}\geqslant\dfrac{1}{1+n}$，又级数 $\sum\limits_{n=1}^{\infty}\dfrac{1}{1+n}$ 发散，由比较判别法知级数

$\sum\limits_{n=1}^{\infty}\dfrac{1}{\sqrt{1+n^2}}$ 发散。

③ 因为 $u_n=\dfrac{\cos^2 n\pi}{2^n}\leqslant\dfrac{1}{2^n}$，又级数 $\sum\limits_{n=1}^{\infty}\dfrac{1}{2^n}$ 收敛，由比较判别法知级数 $\sum\limits_{n=1}^{\infty}\dfrac{\cos^2 n\pi}{2^n}$ 收敛。

注意：用比较判别法判别正项级数 $\sum u_n$ 敛散性时，先凭经验估计级数的敛散性，再根据通项形式找出一个收敛或发散的正项级数，并对两个级数的一般项进行比较。经常用来做比较的级数有等比级数（几何级数）、调和级数和 p 级数。

【类题】判断下列级数的敛散性。

① $\sum\limits_{n=1}^{\infty}\dfrac{1}{(n+1)(n+2)}$；② $\sum\limits_{n=1}^{\infty}\dfrac{n+1}{n^2+2n}$；③ $\sum\limits_{n=1}^{\infty}\tan\dfrac{\pi}{2^{n+1}}$。

答案：（1）收敛；（2）发散；（3）收敛。

【例 4】用比值判别法判断下列级数的敛散性。

① $\sum\limits_{n=1}^{\infty}\dfrac{n^n}{n!}$；② $\sum\limits_{n=1}^{\infty}\dfrac{a^n n!}{n^n}\quad(a>0,a\neq e)$；③ $\sum\limits_{n=1}^{\infty}\dfrac{n^3}{3^n}$。

解：适用于比值判别法的级数题的特点是：一般项中含有阶乘、乘幂、多个因子连乘除。

① 因为 $u_n=\dfrac{n^n}{n!}$，

所以 $\lim\limits_{n\to\infty}\dfrac{u_{n+1}}{u_n}=\lim\limits_{n\to\infty}\dfrac{(n+1)^{n+1}}{(n+1)!}\cdot\dfrac{n!}{n^n}=\lim\limits_{n\to\infty}\left(1+\dfrac{1}{n}\right)^n=e>1$，

所以由比值判别法知级数 $\sum\limits_{n=1}^{\infty}\dfrac{n^n}{n!}$ 发散。

② 因为 $u_n=\dfrac{a^n n!}{n^n}$，

所以 $\lim\limits_{n\to\infty}\dfrac{u_{n+1}}{u_n}=\lim\limits_{n\to\infty}\dfrac{a^{n+1}(n+1)!}{(n+1)^{n+1}}\cdot\dfrac{n^n}{a^n n!}=\lim\limits_{n\to\infty}\dfrac{an^n}{(n+1)^n}=\dfrac{a}{e}$，

当 $a>e$ 时，由比值判别法知级数发散；当 $0<a<e$ 时，由比值判别法知级数收敛。

③ 因为 $u_n=\dfrac{n^3}{3^n}$，所以

$$\lim\limits_{n\to\infty}\dfrac{u_{n+1}}{u_n}=\lim\limits_{n\to\infty}\dfrac{(n+1)^3}{3^{n+1}}\cdot\dfrac{3^n}{n^3}=\lim\limits_{n\to\infty}\dfrac{1}{3}\cdot\left(\dfrac{n+1}{n}\right)^3=\dfrac{1}{3}<1,$$

所以由比值判别法知级数 $\sum\limits_{n=1}^{\infty} \dfrac{n^3}{3^n}$ 收敛。

【类题】判断下列级数的敛散性。

① $\sum\limits_{n=1}^{\infty} \dfrac{2^n}{n!}$ ；   ② $\sum\limits_{n=1}^{\infty} \dfrac{2^n}{n^2}$ 。

答案：① 收敛；② 发散。

【例5】判断下列级数是否收敛？若收敛，是绝对收敛还是条件收敛？

① $\sum\limits_{n=1}^{\infty} (-1)^{n-1} \dfrac{n}{2^{n-1}}$ ；② $\sum\limits_{n=2}^{\infty} (-1)^n \dfrac{1}{\ln n}$ ；③ $\sum\limits_{n=1}^{\infty} \dfrac{\sin \dfrac{n\pi}{5}}{2^n}$

解：① 由于

$$\lim_{n\to\infty} \left| \dfrac{u_{n+1}}{u_n} \right| = \lim_{n\to\infty} \dfrac{n+1}{2^n} \cdot \dfrac{2^{n-1}}{n} = \lim_{n\to\infty} \dfrac{n+1}{2n} = \dfrac{1}{2} < 1 ,$$

故正项级数 $\sum\limits_{n=1}^{\infty} \dfrac{n}{2^{n-1}}$ 收敛，从而 $\sum\limits_{n=1}^{\infty} (-1)^{n-1} \dfrac{n}{2^{n-1}}$ 绝对收敛。

② 由于

$$\sum_{n=2}^{\infty} \left| (-1)^n \dfrac{1}{\ln n} \right| = \sum_{n=2}^{\infty} \dfrac{1}{\ln n} , \ \ 又 \sum_{n=2}^{\infty} \dfrac{1}{\ln n} \ 发散，$$

但 $\sum\limits_{n=2}^{\infty} (-1)^n \dfrac{1}{\ln n}$ 是交错级数，满足 $\lim\limits_{n\to\infty} \dfrac{1}{\ln n} = 0$ ，且 $\dfrac{1}{\ln(n+1)} < \dfrac{1}{\ln n}$ ，所以由牛顿—莱布尼兹判别法知，级数 $\sum\limits_{n=2}^{\infty} (-1)^n \dfrac{1}{\ln n}$ 条件收敛。

③ 因为 $\left| \dfrac{\sin \dfrac{n\pi}{5}}{2^n} \right| \leqslant \dfrac{1}{2^n}$ ，而级数 $\sum\limits_{n=1}^{\infty} \dfrac{1}{2^n}$ 是公比为 $\dfrac{1}{2}$ 的等比级数，所以 $\sum\limits_{n=1}^{\infty} \dfrac{1}{2^n}$ 是收敛的，故级数 $\sum\limits_{n=1}^{\infty} \dfrac{\sin \dfrac{n\pi}{5}}{2^n}$ 绝对收敛。

注意：此类题是判断一般数项级数 $\sum\limits_{n=1}^{\infty} u_n$ 的敛散性，主要的步骤是：

① 首先考察一般项的极限，若不为零，则级数发散；若等于零，则进行②。

② 先各项取绝对值变成正项级数 $\sum\limits_{n=1}^{\infty} |u_n|$ ，可用正项级数的判别法（比较判别法与比值判别法）判别 $\sum\limits_{n=1}^{\infty} |u_n|$ 的敛散性。

【类题】判断下列级数是否收敛？若收敛，是绝对收敛还是条件收敛？

① $\sum\limits_{n=2}^{\infty} (-1)^n \dfrac{n}{(n+1)^2}$ ；② $\sum\limits_{n=1}^{\infty} (-1)^{n-1} \dfrac{3n-1}{2^n}$ ；③ $\sum\limits_{n=1}^{\infty} \dfrac{\cos \dfrac{n\pi}{3}}{2^n}$ 。

答案：① 条件收敛；② 绝对收敛；③ 绝对收敛。

【例 6】判断题（正确与否请说明理由）。

① $\sum\limits_{n=1}^{\infty} x^n$ 与 $\sum\limits_{n=-\infty}^{\infty} x^n$ 都是幂级数。

答：不正确。$\sum\limits_{n=1}^{\infty} x^n$ 是幂级数，$\sum\limits_{n=-\infty}^{\infty} x^n$ 不是幂级数。因为幂级数要求是 $n \geqslant 0$ 的整数。

② 函数项级数的收敛域一定是一区间。

答：不正确。有的函数项级数仅在一点处收敛，其收敛域就是一点。例如，级数 $\sum\limits_{n=0}^{\infty} n!x^n$。

③ 幂级数 $\sum\limits_{n=1}^{\infty} a_n x^n$ 的和函数 $s(x)$ 在其收敛区间内可以逐项求导数任意多次。

答：正确。可由幂级数的和函数的性质得证。

【例 7】求下列幂级数的收敛半径与收敛域。

① $\sum\limits_{n=1}^{\infty}(-1)^n \dfrac{x^n}{2^n}$；② $\sum\limits_{n=1}^{\infty}\dfrac{n-1}{3^n}x^{2n}$；③ $\sum\limits_{n=1}^{\infty}(-1)^n \dfrac{(x-2)^n}{n+1}$。

解：①、②、③由于 $\lim\limits_{n\to\infty}\left|\dfrac{u_{n+1}(x)}{u_n(x)}\right| = \lim\limits_{n\to\infty}\left|\dfrac{x^{n+1}}{2^{n+1}} \cdot \dfrac{2^n}{x^n}\right| = \dfrac{1}{2}|x|$，

当 $\dfrac{1}{2}|x| < 1$ 时，即 $|x| < 2$ 时，幂级数 $\sum\limits_{n=1}^{\infty}(-1)^n \dfrac{x^n}{2^n}$ 收敛；当 $\dfrac{1}{2}|x| > 1$ 时，即 $|x| > 2$ 时，幂级数 $\sum\limits_{n=1}^{\infty}(-1)^n \dfrac{x^n}{2^n}$ 发散，故收敛半径 $R = 2$。

当 $x = -2$ 时，代入原幂级数，得级数 $\sum\limits_{n=1}^{\infty}(-1)^n \dfrac{(-2)^n}{2^n} = \sum\limits_{n=1}^{\infty}1$ 发散；当 $x = 2$ 时，代入原幂级数，得级数 $\sum\limits_{n=1}^{\infty}(-1)^n \dfrac{2^n}{2^n} = \sum\limits_{n=1}^{\infty}(-1)^n$ 发散，所以幂级数 $\sum\limits_{n=1}^{\infty}(-1)^n \dfrac{x^n}{2^n}$ 的收敛域为 $(-1,1)$。

② 由于 $\lim\limits_{n\to\infty}\left|\dfrac{u_{n+1}(x)}{u_n(x)}\right| = \lim\limits_{n\to\infty}\left|\dfrac{nx^{2n+2}}{3^{n+1}} \cdot \dfrac{3^n}{(n-1)x^{2n}}\right| = \dfrac{1}{3}x^2$，

当 $\dfrac{1}{3}x^2 < 1$ 时，即 $|x| < \sqrt{3}$ 时，幂级数 $\sum\limits_{n=1}^{\infty}\dfrac{n-1}{3^n}x^{2n}$ 收敛；当 $\dfrac{1}{3}x^2 > 1$ 时，即 $|x| > \sqrt{3}$ 时，幂级数 $\sum\limits_{n=1}^{\infty}\dfrac{n-1}{3^n}x^{2n}$ 发散，故收敛半径 $R = \sqrt{3}$。

当 $x = \pm\sqrt{3}$ 时，代入原级数，得级数 $\sum\limits_{n=1}^{\infty}(n-1)$ 发散。所以，幂级数 $\sum\limits_{n=1}^{\infty}\dfrac{n-1}{3^n}x^{2n}$ 的收敛域为 $(-\sqrt{3}, \sqrt{3})$。

③ 由于 $\lim\limits_{n\to\infty}\left|\dfrac{u_{n+1}(x)}{u_n(x)}\right| = \lim\limits_{n\to\infty}\left|\dfrac{(x-2)^{n+1}}{n+2} \cdot \dfrac{n+1}{(x-2)^n}\right| = |x-2|$，

当 $|x-2| < 1$ 时，即 $-1 < x-2 < 1$，从而 $1 < x < 3$ 时，幂级数 $\sum\limits_{n=1}^{\infty}(-1)^n \dfrac{(x-2)^n}{n+1}$ 收敛，当 $|x-2| > 1$ 时，幂级数发散，故收敛半径 $R = 1$。

当 $x = 1$ 时，代入原幂级数，得级数 $\sum\limits_{n=1}^{\infty}\dfrac{1}{n+1}$ 发散；当 $x = 3$ 时，代入原幂级数，得级数

$\sum_{n=1}^{\infty} (-1)^n \dfrac{1}{n+1}$ 收敛。所以，幂级数 $\sum_{n=1}^{\infty} (-1)^n \dfrac{(x-2)^n}{n+1}$ 的收敛域为 $(1,3]$。

注意：求幂级数的收敛半径方法是利用绝对值的比值判别法，即通过求

$\lim\limits_{n\to\infty} \left| \dfrac{u_{n+1}(x)}{u_n(x)} \right| = r(x)$，令 $r(x) < 1$，得级数收敛半径。再考虑级数在收敛区间端点的收敛性，得级数的收敛域。

【类题】 求下列幂级数的收敛半径与收敛域。

① $\sum_{n=1}^{\infty} (-1)^n \dfrac{x^n}{n!}$；　　② $\sum_{n=1}^{\infty} \dfrac{(x-1)^n}{\sqrt{n+1}}$。

答案：① $R = +\infty$，$(-\infty, \infty)$；② $R = 1$，$[0, 2)$。

【例 8】 求下列幂级数在指定的收敛域内的和函数。

① $\sum_{n=0}^{\infty} (-1)^n (n+1)x^n$，$x \in (-1, 1)$；② $\sum_{n=1}^{\infty} \dfrac{x^{2n}}{2n}$，$x \in (-1, 1)$

解：① 设和函数 $s(x) = \sum_{n=0}^{\infty} (-1)^n (n+1)x^n$，$x \in (-1, 1)$

两边积分，得

$$\int_0^x s(x)\mathrm{d}x = \sum_{n=0}^{\infty} \int_0^x (-1)^n (n+1)x^n \mathrm{d}x = \sum_{n=0}^{\infty} (-1)^n x^{n+1} = \dfrac{x}{1+x} \quad x \in (-1, 1),$$

求导，得和函数为

$$s(x) = \left(\int_0^x s(x)\mathrm{d}x \right)' = \left(\dfrac{x}{1+x} \right)' = \dfrac{1}{(1+x)^2} \quad\quad x \in (-1, 1)。$$

② 设和函数 $s(x) = \sum_{n=1}^{\infty} \dfrac{x^{2n}}{2n}$，$x \in (-1, 1)$

两边求导，得

$$s'(x) = \sum_{n=1}^{\infty} \left(\dfrac{x^{2n}}{2n} \right)' = \sum_{n=1}^{\infty} x^{2n-1} = \dfrac{x}{1-x^2} \quad x \in (-1, 1),$$

积分，得

$$\int_0^x s'(x)\mathrm{d}x = s(x) - s(0) = \int_0^x \dfrac{x}{1-x^2}\mathrm{d}x = -\dfrac{1}{2}\ln(1-x^2),$$

由 $s(0) = 0$，可得和函数为

$$s(x) = -\dfrac{1}{2}\ln(1-x^2), \quad\quad x \in (-1, 1)$$

注意：

① 求幂级数的和函数，主要是利用等比级数的和函数求解。给定一个级数，首先观察是否为等比级数，若不是，则利用和函数在收敛域内的（逐项求导、逐项积分）性质转化为等比级数求和，再施以逆运算，求得所给级数的和函数。

② 幂级数经过逐项积分（或微分），收敛半径不变，但端点处的收敛性可能改变。

【类题】求下列幂级数在指定的收敛域内的和函数。

① $\sum\limits_{n=0}^{\infty}(-1)^n\dfrac{x^{2n+1}}{2n+1}$，$x\in(-1,1]$；② $\sum\limits_{n=1}^{\infty}2nx^{2n-1}$，$x\in(-1,1)$。

答案：① $\arctan x$；② $\dfrac{2x}{(1-x^2)^2}$。

【例9】将下列函数展开成 x 的幂级数。

① $\mathrm{e}^{-\frac{x}{3}}$；② $\cos 3x$；③ $\dfrac{1}{4+x}$。

解：主要用间接展开法，是利用已知函数在 $x_0=0$ 处的幂级数展开式，通过加、减、乘、除、变量代换、逐项积分、逐项微分等方法，将给定的函数展成幂级数。

① 因为

$$\mathrm{e}^t=1+t+\frac{t^2}{2!}+\cdots+\frac{t^n}{n!}+\cdots=\sum_{n=0}^{\infty}\frac{t^n}{n!}，\quad t\in(-\infty,+\infty)，$$

令 $t=-\dfrac{x}{3}$，则

$$\mathrm{e}^{-\frac{x}{3}}=1-\frac{x}{3}+\frac{1}{2!}\left(-\frac{x}{3}\right)^2+\cdots+\frac{1}{n!}\left(-\frac{x}{3}\right)^n+\cdots=\sum_{n=0}^{\infty}(-1)^n\frac{x^n}{3^n n!}，\quad x\in(-\infty,+\infty)。$$

② 因为

$$\cos t=1-\frac{t^2}{2!}+\frac{t^4}{4!}-\cdots+(-1)^n\frac{t^{2n}}{(2n)!}+\cdots=\sum_{n=0}^{\infty}(-1)^n\frac{t^{2n}}{(2n)!}，\quad t\in(-\infty,+\infty)，$$

令 $t=3x$，则

$$\cos 3x=\sum_{n=0}^{\infty}(-1)^n\frac{3^{2n}}{(2n)!}x^{2n}，\quad x\in(-\infty,+\infty)。$$

③ 因为

$$\frac{1}{1+t}=1-t+t^2+\cdots+(-1)^n t^n+\cdots=\sum_{n=0}^{\infty}(-1)^n t^n，\quad t\in(-1,1)$$

所以

$$\frac{1}{4+x}=\frac{1}{4\left(1+\frac{x}{4}\right)}=\frac{1}{4}\sum_{n=0}^{\infty}(-1)^n\left(\frac{x}{4}\right)^n=\sum_{n=0}^{\infty}(-1)^n\frac{x^n}{4^{n+1}}，\quad x\in(-4,4)。$$

【类题】将下列函数展开成 x 的幂级数。

① e^{-x^2}；② $\sin^2 x$；③ $\ln(2+x)$。

答案：① $\sum\limits_{n=0}^{\infty}(-1)^n\dfrac{x^{2n}}{n!}$，$x\in(-\infty,+\infty)$；

② $\sum\limits_{n=1}^{\infty}(-1)^{n-1}\dfrac{2^{2n-1}x^{2n}}{(2n)!}$，$x\in(-\infty,+\infty)$；

③ $\ln 2+\sum\limits_{n=0}^{\infty}(-1)^n\dfrac{1}{(n+1)2^{n+1}}x^{n+1}$，$x\in(-2,2]$。

【例 10】设 $x^2 = \sum_{n=0}^{\infty} a_n \cos nx (-\pi \leqslant x \leqslant \pi)$，求 a_2。

解：因为将 $f(x) = x^2 (-\pi \leqslant x \leqslant \pi)$ 展开为余弦级数

$$x^2 = \sum_{n=0}^{\infty} a_n \cos nx (-\pi \leqslant x \leqslant \pi)，$$

其系数计算公式为 $a_n = \dfrac{2}{\pi} \int_0^\pi f(x) \cos nx \, dx$。

所以根据余弦级数的定义，有

$$a_2 = \frac{2}{\pi} \int_0^\pi x^2 \cdot \cos 2x \, dx = \frac{1}{\pi} \int_0^\pi x^2 d \sin 2x$$

$$= \frac{1}{\pi} \left[x^2 \sin 2x \Big|_0^\pi - \int_0^\pi \sin 2x \cdot 2x \, dx \right]$$

$$= \frac{1}{\pi} \int_0^\pi x d \cos 2x = \frac{1}{\pi} \left[x \cos 2x \Big|_0^\pi - \int_0^\pi \cos 2x \, dx \right]$$

$$= 1。$$

【例 11】设 $f(x)$ 是周期为 2π 的周期函数，它在 $[-\pi, \pi)$ 上的表达式为；

$$f(x) = \begin{cases} -1, & -\pi \leqslant x < 0 \\ 1, & 0 \leqslant x < \pi \end{cases}，$$

将 $f(x)$ 展开成傅里叶级数。

解：函数的图形如图 4-1 所示：

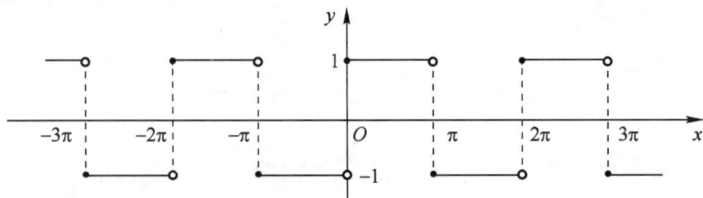

图 4-1

此函数满足收敛定理的条件，它在点 $x = k\pi (k = 0, \pm 1, \pm 2, \cdots)$ 处不连续，在其他点处均连续，所以由收敛定理知道 $f(x)$ 的傅里叶级数收敛，并且当 $x = k\pi$ 时，级数收敛于 $\dfrac{-1+1}{2} = \dfrac{1+(-1)}{2} = 0$，当 $x \neq k\pi$ 时，级数收敛于 $f(x)$。和函数的图形如图 4-2 所示，这是一个矩形波：

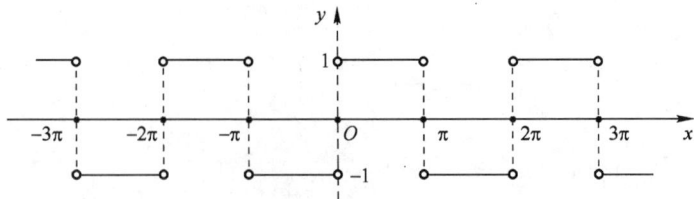

图 4-2

先求傅里叶系数如下：

$$a_n = \frac{1}{\pi} \int_{-\pi}^{\pi} f(x) \cos nx \mathrm{d}x = \frac{1}{\pi} \int_{-\pi}^{0} (-1) \cos nx \mathrm{d}x + \frac{1}{\pi} \int_{0}^{\pi} 1 \cdot \cos nx \mathrm{d}x$$

$$= 0 \ (n = 0, 1, 2, \cdots);$$

$$b_n = \frac{1}{\pi} \int_{-\pi}^{\pi} f(x) \sin nx \mathrm{d}x = \frac{1}{\pi} \int_{-\pi}^{0} (-1) \sin nx \mathrm{d}x + \frac{1}{\pi} \int_{0}^{\pi} 1 \cdot \sin nx \mathrm{d}x$$

$$= \frac{1}{\pi} \left[\frac{\cos nx}{n} \right]_{-\pi}^{0} + \frac{1}{\pi} \left[-\frac{\cos nx}{n} \right]_{0}^{\pi} = \frac{1}{n\pi} \left[1 - \cos n\pi - \cos n\pi + 1 \right]$$

$$= \frac{2}{n\pi} \left[1 - (-1)^n \right] = \begin{cases} \dfrac{4}{n\pi}, & n = 1, 3, 5, \cdots \\ 0, & n = 2, 4, 6, \cdots \end{cases},$$

所以 $f(x)$ 的傅里叶级数展开式为：

$$f(x) = \frac{4}{\pi} \left[\sin x + \frac{1}{3} \sin 3x + \cdots + \frac{1}{2n-1} \sin(2n-1)x + \cdots \right]。$$

$$(-\infty < x < +\infty; x \neq 0, \pm\pi, \pm 2\pi, \cdots)$$

【例 12】将函数 $f(x) = x + 1$（$0 \leqslant x \leqslant \pi$）展开成正弦级数。

解：先求正弦级数，则对函数 $f(x)$ 进行奇延拓。按公式有

$$b_n = \frac{2}{\pi} \int_{0}^{\pi} f(x) \sin nx \mathrm{d}x = \frac{2}{\pi} \int_{0}^{\pi} (x+1) \sin nx \mathrm{d}x$$

$$= \frac{2}{\pi} \left[-\frac{(x+1)\cos nx}{n} + \frac{\sin nx}{n^2} \right]_{0}^{\pi}$$

$$= \frac{2}{n\pi} \left[1 - (\pi+1)\cos n\pi \right]$$

$$= \begin{cases} \dfrac{2}{\pi} \cdot \dfrac{\pi+2}{n}, & n = 1, 3, 5 \cdots \\ -\dfrac{2}{n}, & n = 2, 4, 6 \cdots \end{cases},$$

将 b_n 代入正弦级数，得：

$$x + 1 = \frac{2}{\pi} \left[(\pi+2)\sin x - \frac{\pi}{2}\sin 2x + \frac{1}{3}(\pi+2)\sin 3x - \frac{\pi}{4}\sin 4x + \cdots \right] \quad (0 < x < \pi),$$

在端点 $x = 0$ 及 $x = \pi$ 处，级数的和显然为零。它不代表原来函数 $f(x)$ 的值。

【类题】将函数 $f(x) = x + 1$（$0 \leqslant x \leqslant \pi$）展开成余弦级数。

答案：$x + 1 = \dfrac{\pi}{2} + 1 - \dfrac{4}{\pi} \left(\cos x + \dfrac{1}{3^2}\cos 3x + \dfrac{1}{5^2}\cos 5x + \cdots \right)$ $\quad (0 \leqslant x \leqslant \pi)。$

【基础知识试题】

一、填空题

1. 对于几何级数 $\displaystyle\sum_{n=0}^{\infty} q^n$，当_____时收敛于_____；当_____时，发散。

2. 级数 $1-\dfrac{1}{2}+\dfrac{1}{4}-\dfrac{1}{8}+\dfrac{1}{16}-\cdots$ 的一般项为_____。

3. 级数 $\displaystyle\sum_{n=0}^{\infty}\left(\dfrac{2}{3}\right)^{n}$ 的和是_____。

4. 已知级数 $\displaystyle\sum_{n=1}^{\infty}\dfrac{2^{n}}{n!}$ 收敛，则 $\displaystyle\lim_{n\to\infty}\dfrac{2^{n}}{n!}=$_____。

5. 幂级数 $\displaystyle\sum_{n=0}^{\infty}\dfrac{x^{n}}{2^{n}}$ 的收敛区间为_____。

6. 幂级数 $\displaystyle\sum_{n=1}^{\infty}\dfrac{x^{2n}}{3^{n}}$ 的收敛区间为_____。

7. 幂级数 $\displaystyle\sum_{n=0}^{\infty}(-1)^{n}\dfrac{x^{n+1}}{n+1}$ 的和为_____。

8. 幂级数 $\displaystyle\sum_{n=1}^{\infty}n!x^{n}$ 的收敛半径为_____。

9. 级数 $\displaystyle\sum_{n=1}^{\infty}\dfrac{2^{n}n!}{n^{n}}$ 的敛散性为_____。

10. 已知 $f(x)$ 的展开式为 $f(x)=x+\dfrac{x^{2}}{2}+\dfrac{x^{3}}{3}+\cdots+\dfrac{x^{n}}{n}+\cdots$，则 $f'(0)=$_____，

$f''(0)=$_____，$f^{(n)}(0)=$_____。

二、选择题

1. 下列级数发散的是 (　　)。

A. $\displaystyle\sum_{n=1}^{\infty}\dfrac{1}{n^{2}}$　　　　B. $\displaystyle\sum_{n=1}^{\infty}\left(\dfrac{1}{2}\right)^{n}$　　　　C. $\displaystyle\sum_{n=2}^{\infty}\dfrac{1}{\sqrt{n}-1}$　　　　D. $\displaystyle\sum_{n=1}^{\infty}\dfrac{1}{n^{3}+n}$

2. 设正项级数为 $\displaystyle\sum_{n=1}^{\infty}u_{n}$，当 $\displaystyle\lim_{n\to\infty}\dfrac{u_{n+1}}{u_{n}}=$ (　　) 时，级数 $\displaystyle\sum_{n=1}^{\infty}u_{n}$ 收敛。

A. 1　　　　　　　B. $\dfrac{1}{2}$　　　　　　C. 2　　　　　　　D. 3

3. $\displaystyle\lim_{n\to\infty}u_{n}=0$ 是 $\displaystyle\sum_{n=1}^{\infty}u_{n}$ 收敛的 (　　)。

A. 充分而非必要条件　　　　　　　B. 必要而非充分条件
C. 充分必要条件　　　　　　　　　D. 既非充分也非必要条件

4. 设 $\displaystyle\sum_{n=1}^{\infty}u_{n}$ 与 $\displaystyle\sum_{n=1}^{\infty}v_{n}$ 都是正项级数，且 $u_{n}\leqslant v_{n}(n=1,2,\cdots)$，则下列命题正确的是 (　　)。

A. 若 $\displaystyle\sum_{n=1}^{\infty}u_{n}$ 收敛，则 $\displaystyle\sum_{n=1}^{\infty}v_{n}$ 收敛　　　　B. 若 $\displaystyle\sum_{n=1}^{\infty}u_{n}$ 发散，则 $\displaystyle\sum_{n=1}^{\infty}v_{n}$ 发散

C. 若 $\displaystyle\sum_{n=1}^{\infty}v_{n}$ 发散，则 $\displaystyle\sum_{n=1}^{\infty}u_{n}$ 发散　　　　D. 若 $\displaystyle\sum_{n=1}^{\infty}v_{n}$ 收敛，则 $\displaystyle\sum_{n=1}^{\infty}u_{n}$ 收敛

5. 下列命题正确的是 (　　)。

A. 若 $\displaystyle\sum_{n=1}^{\infty}u_{n}$ 和 $\displaystyle\sum_{n=1}^{\infty}v_{n}$ 都发散，则 $\displaystyle\sum_{n=1}^{\infty}(u_{n}+v_{n})$ 必发散

B. 若 $\sum\limits_{n=1}^{\infty}u_n$ 收敛，$\sum\limits_{n=1}^{\infty}v_n$ 发散，则 $\sum\limits_{n=1}^{\infty}(u_n+v_n)$ 可能收敛，也可能发散

C. 若 $\sum\limits_{n=1}^{\infty}u_n$ 和 $\sum\limits_{n=1}^{\infty}v_n$ 都收敛，则 $\sum\limits_{n=1}^{\infty}(u_n+v_n)$ 必收敛

D. 若 $\sum\limits_{n=1}^{\infty}(u_n+v_n)$ 收敛，则 $\sum\limits_{n=1}^{\infty}u_n$ 和 $\sum\limits_{n=1}^{\infty}v_n$ 都收敛

6. 正项级数 $\sum\limits_{n=1}^{\infty}u_n$ 收敛的充分必要条件是 (　　　)。

A. $\lim\limits_{n\to\infty}u_n=0$ 　　　　　　　　　B. 部分和数列 $\{s_n\}$ 有界

C. $\lim\limits_{n\to\infty}u_n=0$ 且 $u_n\geqslant u_{n+1},(n=1,2,\cdots)$ 　　D. $\lim\limits_{n\to\infty}\dfrac{u_{n+1}}{u_n}=\rho<1$

7. 下列级数中，条件收敛的是 (　　　)。

A. $\sum\limits_{n=1}^{\infty}(-1)^n\dfrac{1}{n^2}$ 　　　　　　　B. $\sum\limits_{n=1}^{\infty}(-1)^n\dfrac{n}{n+1}$

C. $\sum\limits_{n=1}^{\infty}(-1)^n\dfrac{1}{\sqrt{n}}$ 　　　　　　　D. $\sum\limits_{n=1}^{\infty}(-1)^n\dfrac{6}{5^n}$

8. 下列级数中，绝对收敛的是 (　　　)。

A. $\sum\limits_{n=1}^{\infty}(-1)^{n+1}\dfrac{1}{n}$ 　　　　　　　B. $\sum\limits_{n=1}^{\infty}(-1)^n\dfrac{1}{\sqrt[n]{n}}$

C. $\sum\limits_{n=1}^{\infty}(-1)^n\dfrac{1}{\ln n}$ 　　　　　　　D. $\sum\limits_{n=1}^{\infty}(-1)^{n+1}\dfrac{1}{n\sqrt{n}}$

9. 幂级数 $\sum\limits_{n=1}^{\infty}\dfrac{3^n}{n+3^n}x^n$ 的收敛半径为 (　　　)。

A. 1 　　　　　　B. 3 　　　　　　C. $\dfrac{1}{3}$ 　　　　　　D. $+\infty$

10. 幂级数 $\sum\limits_{n=1}^{\infty}\dfrac{x^n}{n3^n}$ 的收敛域是 (　　　)

A. $\left[-\dfrac{1}{3},\dfrac{1}{3}\right]$ 　　　B. $\left[-\dfrac{1}{3},\dfrac{1}{3}\right)$ 　　C. $[-3,3]$ 　　　D. $[-3,3)$

11. 若 $\sum\limits_{n=1}^{\infty}u_n$ 发散，则 $\sum\limits_{n=1}^{\infty}au_n(a\neq0)$ (　　　)。

A. 一定发散 　　　　　　　　　　B. 可能收敛，也可能发散

C. $a>0$ 时收敛，$a<0$ 时发散　　　D. $|a|<1$ 时收敛，$|a|>1$ 时发散

12. 在 $f(x)=\cos x$ 展成 x 的幂级数中，若 x^5 项和 x^7 项的系数分别用 a_5 和 a_7 表示，则 (　　　)。

A. $a_5=a_7$ 　　　　B. $a_5>a_7$ 　　　　C. $|a_5|>|a_7|$ 　　　　D. $a_5<a_7$

三、解答题

1. 判定下列级数的收敛性。

（1）$-\dfrac{8}{9}+\dfrac{8^2}{9^2}-\dfrac{8^3}{9^3}+\cdots+(-1)^n\dfrac{8^n}{9^n}+\cdots$；

（2）$\dfrac{1}{3}+\dfrac{1}{\sqrt{3}}+\dfrac{1}{\sqrt[3]{3}}+\dfrac{1}{\sqrt[4]{3}}+\cdots$；　　　（3）$\displaystyle\sum_{n=1}^{\infty}\left(\dfrac{1}{2^n}+\dfrac{1}{2n}\right)$。

2. 用比较判别法判定下列级数的收敛性。

（1）$\displaystyle\sum_{n=1}^{\infty}\dfrac{1}{n^2+1}$；　　　　　　　（2）$\displaystyle\sum_{n=1}^{\infty}\dfrac{1+n}{n^2+1}$；

（3）$\displaystyle\sum_{n=1}^{\infty}\dfrac{1}{na+b}$　$(a>0,b>0)$；　　　（4）$\displaystyle\sum_{n=1}^{\infty}\dfrac{1}{\sqrt{(n+1)^3}}$

3. 用比值判别法判定下列级数的收敛性。

（1）$\displaystyle\sum_{n=0}^{\infty}\dfrac{3^n}{n!}$；　　　　　　　　（2）$\displaystyle\sum_{n=0}^{\infty}\dfrac{3^n}{n2^n}$。

4. 判断下列级数的收敛性，如果收敛，是绝对收敛还是条件收敛。

（1）$\displaystyle\sum_{n=1}^{\infty}(-1)^{n+1}\dfrac{1}{n+\ln n}$；　　　　（2）$\displaystyle\sum_{n=0}^{\infty}(-1)^n\dfrac{3n}{4^n}$。

5. 求下列幂级数的收敛半径与收敛域。

（1）$1-x+\dfrac{x^2}{2^2}-\dfrac{x^3}{3^2}+\cdots$；　　　（2）$\displaystyle\sum_{n=1}^{\infty}\dfrac{2^n}{2n+1}x^{2n+1}$。

6. 求下列幂级数在收敛域内的和函数。

（1）$\displaystyle\sum_{n=1}^{\infty}\dfrac{x^{n-1}}{2^n}$ $(|x|<2)$；　（2）$\displaystyle\sum_{n=1}^{\infty}\dfrac{x^n}{n}$ $(-1\leqslant x<1)$；　（3）$\displaystyle\sum_{n=1}^{\infty}(-1)^{n-1}(2n-1)x^{2n-2}$ $(-1<x<1)$。

7. 用间接展开法将下列函数展开成 x 的幂级数，并确定收敛区间。

（1）$x^3\mathrm{e}^{-x}$；（2）$\dfrac{1}{3-x}$；（3）$\ln(a+x)$ $(a>0)$。

8. 将以 2π 为周期的函数 $f(x)=\begin{cases}-1, & -\pi\leqslant x<0\\ 1, & 0\leqslant x<\pi\end{cases}$ 展开成傅里叶级数。

9. 设 $f(x)=\begin{cases}0, & -\pi\leqslant x<0\\ x, & 0\leqslant x<\pi\end{cases}$ 将函数 $f(x)$ 在 $(-\pi,\pi)$ 内展成以 2π 为周期的傅里叶级数。

四、应用题

1. 将循环小数 $0.\dot{7}$ 化成分数。

2. 用级数展开法近似计算 $\sin 18°$（取前三项）。

3. 用级数展开法计算积分 $\displaystyle\int_{0.1}^{1}\dfrac{\mathrm{e}^x}{x}\mathrm{d}x$ 的近似值（取前三项）。

4. 设想某政府通过一项削减 100 亿税收的法案。假设每人将花费这笔额外收入的 93%，并把其余的存起来，试估算削减税将产生多大的附加消费。

【基础知识试题答案】

一、填空题

1. $|q|<1$，$\dfrac{1}{1-q}$，$|q|\geqslant 1$；2. $(-1)^n\dfrac{1}{2^n}(n=0,1,2,\cdots)$；3. 3；4. 0；5. $(-2,2)$；6. $(-\sqrt{3},\sqrt{3})$；

7. $\ln(x+1)$；8. 0；9. 收敛；10. 1；1；$(n-1)!$。

二、选择题

1. C；2. B；3. B；4. B，D；5. C；6. B；7. C；8. D；9. A；10. D；11. A；

12. A。

三、解答题

1. （1）收敛；（2）发散；（3）发散；

2. （1）收敛；（2）发散；（3）发散；（4）收敛。

3. （1）收敛；（2）发散。

4. （1）条件收敛；（2）绝对收敛。

5. （1）收敛半径 $R=1$，收敛域为 $[-1,1]$；

（2）收敛半径 $R=\dfrac{\sqrt{2}}{2}$，收敛域为 $(-\dfrac{\sqrt{2}}{2},\dfrac{\sqrt{2}}{2})$。

6. （1）$s(x)=\dfrac{1}{2-x}$；

（2）$s(x)=-\ln(1-x)$；

（3）$s(x)=\dfrac{1-x^2}{(1+x^2)^2}$。

7. （1）$x^3 \mathrm{e}^{-x}=x^3\sum\limits_{n=0}^{\infty}(-1)^n\dfrac{x^n}{n!}=\sum\limits_{n=0}^{\infty}(-1)^n\dfrac{x^{n+3}}{n!}$，$x\in(-\infty,+\infty)$；

（2）$\dfrac{1}{3-x}=\sum\limits_{n=0}^{\infty}\dfrac{x^n}{3^{n+1}}$，$x\in(-3,3)$；

（3）$\ln(a+x)=\ln a+\sum\limits_{n=0}^{\infty}(-1)^n\dfrac{x^{n+1}}{a^{n+1}(n+1)}$，$x\in(-a,a]$。

8. $f(x)=\dfrac{4}{\pi}\left[\sin x+\dfrac{1}{3}\sin 3x+\cdots+\dfrac{1}{2k-1}\sin(2k-1)x+\cdots\right]$。

$(-\infty<x<+\infty; x\neq 0,\pm\pi,2\pi,\cdots)$

9. $f(x)=\dfrac{4}{\pi}-\sum\limits_{n=1}^{\infty}[\dfrac{1-(-1)^n}{n^2\pi}\cos nx+\dfrac{(-1)^n}{n}\sin nx]$　　　$(-\pi,\pi)$。

四、应用题

1. $0.\overline{7}=\dfrac{7}{9}$。

2. $\sin 18°\approx 0.3090$。

3. $\displaystyle\int_{0.1}^{1}\dfrac{\mathrm{e}^x}{x}\mathrm{d}x\approx 3.450$。

4. 将产生附加的消费大约 1328.6 亿元。

【能力提高试题】

一、填空题

1. 级数 $\sum\limits_{n=1}^{\infty}\dfrac{1}{(3n-2)(3n+1)}$ 的和是 _____。

2. 幂级数 $\sum\limits_{n=1}^{\infty} \dfrac{x^{2n-1}}{2^n}$ 的收敛区间为_____。

3. 幂级数 $\sum\limits_{n=1}^{\infty} \dfrac{(x-1)^n}{3^n}$ 的收敛域为_____。

4. 若幂级数 $\sum\limits_{n=0}^{\infty} a_n x^n$ 的收敛半径为 R，则 $\sum\limits_{n=0}^{\infty} a_n x^{2n}$ 的收敛半径为_____。

5. 幂级数 $\sum\limits_{n=0}^{\infty} a_n x^n$ 在 $x=2$ 处收敛，则该级数在 $x=1$ 处_____。

6. 收敛的级数 $1 + \dfrac{1}{2!} + \dfrac{1}{3!} + \cdots + \dfrac{1}{n!} + \cdots =$ _____。

7. 幂级数 $\sum\limits_{n=1}^{+\infty} n x^{n-1}$ 在收敛区间 $(-1,1)$ 内的和函数为_____。

8. 函数 $\dfrac{e^x - e^{-x}}{2}$ 在 $x=0$ 处的幂级数展开式为_____.

9. 函数 $\dfrac{1}{x}$ 在 $x=3$ 处的幂级数展开式为_____。

10. 级数 $\sum\limits_{n=1}^{\infty} \dfrac{(-1)^n + \sin n}{n^2}$ 的敛散性为_____。

11. 设 $f(x)$ 是周期为 2π 的周期函数，它在 $[-\pi, \pi]$ 上定义为

$f(x) = \begin{cases} 2, -\pi < x \leqslant 0 \\ x^3, 0 < x \leqslant \pi \end{cases}$ 则 $f(x)$ 的傅里叶级数在 $x=0$ 处收敛于_____。

12. 设函数 $f(x) = x^2 (0 \leqslant x < \pi)$，而 $s(x) = \sum\limits_{n=1}^{\infty} b_n \sin(n\pi x)(-\infty < x < +\infty)$，其中

$b_n = 2 \int_0^\pi f(x) \sin(n\pi x) dx (n=1,2,3,\cdots)$，则 $s\left(-\dfrac{1}{2}\right) =$ _____。

二、选择题

1. 若 $\lim\limits_{n\to\infty} u_n = 0$，则级数 $\sum\limits_{n=1}^{\infty} u_n$ （　　）。

A. 一定收敛　　　　　　　　　　B. 一定发散

C. 一定条件收敛　　　　　　　　D. 可能收敛，也可能发散

2. 下列级数中，级数（　　）收敛。

A. $\sum\limits_{n=1}^{\infty} \left(\dfrac{3}{2}\right)^n$　　B. $\sum\limits_{n=1}^{\infty} \left(\dfrac{2}{3}\right)^n$　　C. $\sum\limits_{n=1}^{\infty} \left(\dfrac{3}{2}\right)^{2n}$　　D. $\sum\limits_{n=1}^{\infty} \left(\dfrac{3}{2} + \dfrac{2}{3}\right)^n$

3. 下列级数中，级数（　　）收敛。

A. $\sum\limits_{n=1}^{\infty} \dfrac{1}{n^{\frac{5}{4}}}$　　B. $\sum\limits_{n=1}^{\infty} \dfrac{1}{\sqrt{n}}$　　C. $\sum\limits_{n=1}^{\infty} \dfrac{1}{n^{\frac{3}{4}}}$　　D. $\sum\limits_{n=1}^{\infty} \dfrac{1}{n^{\frac{1}{4}}}$

4. 设 $\sum\limits_{n=1}^{\infty} b_n$ 发散，且（　　），则 $\sum\limits_{n=1}^{\infty} a_n$ 发散。

A. $a_n \geqslant |b_n|$　　B. $|a_n| \geqslant |b_n|$　　C. $|a_n| \geqslant b_n$　　D. $a_n \geqslant b_n$

5. 级数 $\sum\limits_{n=1}^{\infty} (-1)^{n-1} \dfrac{1}{n^p}$ 满足（　　）。

A. $p > 1$ 时条件收敛 　　　　　　　B. $0 < p < 1$ 时绝对收敛

C. $p > 1$ 时绝对收敛 　　　　　　　D. $0 < p \leqslant 1$ 时发散

6. 若 $\displaystyle\sum_{n=1}^{\infty} u_n$ 收敛（ $u_n > 0$ ），则下列级数中收敛的是（　　　）。

A. $\displaystyle\sum_{n=1}^{\infty} (u_n + 100)$ 　　　　　　　B. $\displaystyle\sum_{n=1}^{\infty} (u_n - 100)$

C. $\displaystyle\sum_{n=1}^{\infty} 100 u_n$ 　　　　　　　D. $\displaystyle\sum_{n=1}^{\infty} \dfrac{100}{u_{n+1} - u_n}$

7. 设级数 $\displaystyle\sum_{n=1}^{\infty} a_n$ 绝对收敛，则 $\displaystyle\sum_{n=1}^{\infty} \left(1 + \dfrac{1}{n}\right)^n a_n$ （　　　）。

A. 发散 　　　　　　　B. 条件收敛

C. 敛散性不能判定 　　　　　　　D. 绝对收敛

8. 幂级数 $\displaystyle\sum_{n=1}^{\infty} \dfrac{2n-1}{2^n} x^{3n-1}$ 的收敛半径为（　　　）。

A. $\dfrac{1}{2}$ 　　　　B. 2 　　　　C. $\sqrt{2}$ 　　　　D. $\sqrt[3]{2}$

9. $\displaystyle\int_0^1 \left[1 - \dfrac{x}{1!} + \dfrac{x^2}{2!} - \dfrac{x^3}{3!} + \cdots + (-1)^n \dfrac{x^n}{n!} + \cdots\right] e^{2x} dx = $ （　　　）

A. e 　　　　B. $e - 1$ 　　　　C. $e^3 - 1$ 　　　　D. $\dfrac{1}{3}(e^3 - 1)$

10. 交错级数 $\displaystyle\sum_{n=1}^{\infty} (-1)^{n+1} \dfrac{1}{n}$ 的和 s 必在区间（　　　）内。

A. $\left(0, \dfrac{1}{2}\right)$ 　　　B. $\left(\dfrac{1}{2}, 1\right)$ 　　　C. $\left(1, \dfrac{3}{2}\right)$ 　　　D. $\left(\dfrac{3}{2}, 2\right)$

11. 若级数 $\displaystyle\sum_{n=1}^{\infty} a_n$ 的前 n 项和为 $s_n = \dfrac{n^2 + n \sin \dfrac{n\pi}{3}}{(n+4)^2}$ ，则级数的和为（　　　）。

A. 不存在 　　　B. 1 　　　C. $\dfrac{1}{4}$ 　　　D. $\dfrac{1}{16}$

12. 级数 $\displaystyle\sum_{n=1}^{\infty} \dfrac{\cos(n\pi)}{\sqrt{n^3 + n}}$ 的敛散性为（　　　）。

A. 发散 　　　　　　　B. 条件收敛

C. 敛散性不能判定 　　　　　　　D. 绝对收敛

三、解答题

1. 判定下列级数的收敛性。

（1） $\displaystyle\sum_{n=1}^{\infty} \dfrac{n}{3n+1}$;

（2） $\left(\dfrac{1}{3} + \dfrac{3}{4}\right) + \left(\dfrac{1}{3^2} + \dfrac{3^2}{4^2}\right) + \cdots + \left(\dfrac{1}{3^n} + \dfrac{3^n}{4^n}\right) + \cdots$;

（3） $\displaystyle\sum_{n=0}^{\infty} \dfrac{2^n}{n(n+1)}$;

（4） $\displaystyle\sum_{n=0}^{\infty} \dfrac{2n \cdot n!}{n^n}$;

（5） $\displaystyle\sum_{n=1}^{\infty} \ln\left(1 + \dfrac{1}{n^2}\right)$;

（6） $\displaystyle\sum_{n=1}^{\infty} 3^n \sin \dfrac{1}{4^n}$;

（7）$\sum\limits_{n=1}^{\infty}(-1)^{n-1}\dfrac{2n+1}{n(n+1)}$ ；　　　　　　（8）$\sum\limits_{n=0}^{\infty}\dfrac{\sin n\alpha}{(n+1)^2}$ ；

（9）$\sum\limits_{n=1}^{\infty}\dfrac{n\cdot 2^n}{\mathrm{e}^{n+1}}$ ；　　　　　　　　（10）$\sum\limits_{n=1}^{\infty}\left(\dfrac{1}{2^n}+\dfrac{2}{\sqrt{n}}\right)$ 。

2. 求下列幂级数的收敛半径与收敛域。

（1）$\dfrac{x}{2}+\dfrac{x^2}{2\cdot 4}+\dfrac{x^3}{2\cdot 4\cdot 6}+\cdots$ ；（2）$\sum\limits_{n=1}^{\infty}(-1)^{n-1}\dfrac{(x+1)^n}{n}$ 。

3. 求幂级数 $\sum\limits_{n=1}^{\infty}\dfrac{x^{n+1}}{(n+1)6^n}$ 在收敛域 $[-6,6)$ 内的和函数。

4. 用间接展开法将下列函数展开成 x 的幂级数，并确定收敛区间。

（1）$\arctan x$ ；（2）$\int_0^x\dfrac{\sin t}{t}\mathrm{d}t$ 。

5. 将函数 $f(x)=\dfrac{1}{5-x}$ 展成 $(x-1)$ 的幂级数。

6. 求极限 $\lim\limits_{n\to\infty}\dfrac{n^3}{3^n}$ 。

7.（银行存款）某人在银行里存入人民币 A 元，想一年后取出 1 元，两年后取出 4 元，三年后取出 9 元，n 年后取出 n^2 元，试问 A 至少应为多大时，才能使这笔钱按照这种取钱方式永远取不完。设银行年利率为 $r=0.02$ ，且以复利计息。

8. 设 $f(x)$ 是周期为 2π 为周期函数，它在 $(-\pi,\pi]$ 的表达式为

$$f(x)=\begin{cases}x^2, & -\pi<x<0,\\ x-2, & 0\leqslant x\leqslant\pi\end{cases}。$$

$s(x)$ 是 $f(x)$ 的傅里叶级数的和函数，求 $s(5)$ ，$s(8)$ ，$s(3\pi)$ 及 $s(4\pi)$ 的值。

【能力提高试题答案】

一、填空题

1. $\dfrac{1}{3}$ ；2. $(-\sqrt{2},\sqrt{2})$ ；3. $[-2,4]$ ；4. $\sqrt{R}$ ；5. 收敛（绝对收敛）；6. $\mathrm{e}-1$ ；7. $\dfrac{1}{(1-x)^2}$ ；

8. $\sum\limits_{n=0}^{\infty}\dfrac{x^{2n+1}}{(2n+1)!}$ ；9. $\dfrac{1}{3}\sum\limits_{n=0}^{\infty}(-1)^n\left(\dfrac{x-3}{3}\right)^n$ ；10. 绝对收敛；11. 1；12. $\dfrac{1}{4}$ 。

二、选择题

1. D；2. B；3. A；4. A；5. C；6. C；7. D；8. D；9. B；10. B；11. B；12. D。

三、解答题

1.（1）发散；（2）收敛；（3）发散；（4）收敛；（5）收敛；（6）收敛；（7）条件收敛；（8）绝对收敛；（9）收敛；（10）发散。

2.（1）收敛半径 $R=+\infty$ ，收敛域为 $(-\infty,+\infty)$ ；（2）收敛半径 $R=1$ ，收敛域为 $(-2,0]$ 。

3. $s(x)=-x-6\ln(6-x)+6\ln 6$ ，$x\in[-6,6)$ 。

4.（1）$\arctan x=\sum\limits_{n=1}^{\infty}(-1)^n\dfrac{x^{2n+1}}{2n+1}$ ，$[-1,1]$ 。

（2）$\int_0^x \frac{\sin t}{t} \mathrm{d}t = \sum_{n=0}^{\infty} (-1)^n \frac{x^{2n+1}}{(2n+1)(2n+1)!}$，$x \in (-\infty, +\infty)$。

5. $\dfrac{1}{5-x} = \sum_{n=0}^{\infty} \dfrac{1}{4^{n+1}}(x-1)^n$，$x \in (-3, 5)$。

6. $\lim\limits_{n \to \infty} \dfrac{n^3}{3^n} = 0$。

7. 最初至少应存入银行 $\dfrac{(1+r)(2+r)}{r^3} = 257550$ 元。

8. $(5-2\pi)^2$；$6-2\pi$；$\dfrac{\pi^2+\pi-2}{2}$；-1。

第5章 矩阵及其应用

【基本知识导学】

一、矩阵的概念与运算

1. 矩阵的定义

（1）矩阵的定义：由 $m \times n$ 个数 a_{ij} $(i = 1, 2, \cdots\cdots, m; j = 1, 2, \cdots\cdots, n)$ 排成的 m 行 n 列的数表

$$\begin{pmatrix} a_{11} & a_{12} & \cdots & a_{1n} \\ a_{21} & a_{22} & \cdots & a_{2n} \\ \cdots & \cdots & \cdots & \cdots \\ a_{m1} & a_{m2} & \cdots & a_{mn} \end{pmatrix}$$

称为 m 行 n 列矩阵，简称 $m \times n$ 矩阵或矩阵。常用大写英文字母表示矩阵。如，$A_{m \times n}$（简记为 A）或 $\left(a_{ij} \right)_{m \times n}$ 表示一个 m 行 n 列的矩阵，其中，a_{ij} 表示 A 中第 i 行第 j 列的元素。

（2）方阵：如果一个矩阵 A 的行数与列数都等于 n，则称 A 为 n 阶矩阵，简称方阵。

（3）同型矩阵：如果两个矩阵的行数相同，列数也相同，则称这两个矩阵为同型矩阵。

（4）两矩阵相等的条件：① 同型矩阵，② 对应元素相同。

（5）几种特殊矩阵：

对角矩阵：n 阶方阵 $A = (a_{ij})_n$ 中，满足 $a_{ij} = 0$, $i \neq j$ $(i, j = 1, 2, \cdots, n)$。

单位矩阵：$a_{ii} = 1 (i = 1, 2, \cdots, n)$，而 $a_{ij} = 0$, $i \neq j$ $(i, j = 1, 2, \cdots, n)$。

零矩阵：元素全为零的矩阵，常用 O 表示。

行矩阵：只有一行的矩阵。

列矩阵：只有一列的矩阵。

行阶梯形矩阵：如果一个矩阵的零元素的排列形状像台阶，每个阶梯只有一行（邻近的多列可以在同一高度，或说台阶的宽度可以不同）。

2. 矩阵的运算及运算律

（1）矩阵的运算

① 加减法：设 $A = (a_{ij})_{m \times n}$，$B = (b_{ij})_{m \times n}$，则 $A \pm B = (a_{ij} \pm b_{ij})$。

② 数乘：$kA = (ka_{ij})_{m \times n}$。

③ 乘法：设 $A = (a_{ij})_{m \times l}$，$B = (b_{ij})_{l \times n}$，则 $C = AB = (c_{ij})_{m \times n}$，其中

$c_{ij} = a_{i1}b_{1j} + a_{i2}b_{2j} + \cdots + a_{il}b_{lj}$ $(i = 1, 2, \cdots m; j = 1, 2, \cdots, n)$。

④ 转置：将矩阵 A 的行与列互换，记为 A^T。

（2）运算律

① 矩阵的加法

交换律：$A + B = B + A$

结合律：$(A+B)+C = A+(B+C)$

注意： A, B, C 为同型矩阵。所以同型矩阵可相加减。

② 数乘矩阵

结合律：$\lambda(\mu A) = (\lambda\mu)A$

分配律：$(\lambda+\mu)A = \lambda A + \mu A$　　　$\lambda(A+B) = \lambda A + \lambda B$

注意： 这里 A, B 为同型矩阵，λ, μ 为实数。

③ 矩阵的乘法

结合律：$(AB)C = A(BC)$

分配律：$A(B+C) = AB+AC$　　　$(A+B)C = AC+BC$

与数乘的结合律：$(\lambda A)B = A(\lambda B) = \lambda(AB)$

注意： 矩阵的乘法一般不满足交换律，而且矩阵的乘法不满足消去律。

④ 矩阵的转置

$$\left(A^T\right)^T = A \qquad\qquad (A+B)^T = A^T + B^T$$

$$(\lambda A)^T = \lambda A^T \qquad\qquad (AB)^T = B^T A^T$$

二、矩阵的初等行变换的概念与结论

1．基本概念

（1）矩阵初等行变换的定义：下列三种变换称为矩阵的初等行变换

① 两行互换$[(i)\leftrightarrow(j)]$；

② 某一行乘一个非零常数$[k\times(i)]$；

③ 某一行乘一个非零常数加到另一行$[k\times(i)+(j)]$。

（2）矩阵的等价：一个矩阵与对这个矩阵进行初等变换后所得矩阵是等价的。

（3）矩阵的秩：与矩阵 A 等价的行阶梯形矩阵中非零行的个数称为矩阵 A 的秩，记作 $r(A)$。

（4）逆矩阵：若方阵 A, B 满足：$AB = BA = E$。则称矩阵 A 可逆，且称矩阵 B 为矩阵 A 的逆矩阵，记作 $B = A^{-1}$。

注意： 如果方阵 A 可逆，则其逆矩阵只有一个。

（5）行最简阶梯形矩阵：非零行中首非零元素为 1，且首非零元素 1 所在列的其余元素全为零的矩阵。

2．结论

（1）逆矩阵的性质：

① $\left(A^{-1}\right)^{-1} = A$；② $(\lambda A)^{-1} = \dfrac{1}{\lambda}A^{-1}, \ \lambda \neq 0$；③ $\left(A^T\right)^{-1} = \left(A^{-1}\right)^T$；④ $(AB)^{-1} = B^{-1}A^{-1}$。

（2）求逆矩阵的初等行变换法：

$$(A \vdots E) \xrightarrow{\text{初等行变换}} (E \vdots A^{-1})。$$

（3）设矩阵 A 可逆，则对于矩阵方程 $AX = B$，有 $X = A^{-1}B$；对于 $XA = B$，有 $X = BA^{-1}$。

三、矩阵的应用

1. 解线性方程组

① 对于非齐次线性方程组 $AX = B$：

若 $r(A) = r(\overline{A})$，则称方程组 $AX = B$ 有解（这里称 A 为系数矩阵，$\overline{A} = (A \vdots B)$ 为增广矩阵）；

当 $r(A) = r(\overline{A}) = n$ 时，方程组 $AX = B$ 有唯一解（这时 n 为方程组中变量的个数）；

当 $r(A) = r(\overline{A}) < n$ 时，方程组 $AX = B$ 有无穷多解。

② 对于齐次线性方程组 $AX = 0$：

若 $r(A) = n$，则方程组 $AX = 0$ 只有零解；

若 $r(A) < n$，则方程组 $AX = 0$ 有无穷多解。

2. 矩阵在一些实际问题中的应用

【例题解析】

【例1】 已知 $A = \begin{pmatrix} 2 & -1 & 0 \\ 1 & 3 & 2 \end{pmatrix}$，$B = \begin{pmatrix} 4 & -3 & 1 \\ 0 & 5 & 2 \end{pmatrix}$，且 $A - 2X = B$，求 X。

解： 将等式 $A - 2X = B$ 变形可得

$$X = \frac{1}{2}(A - B) = \frac{1}{2}\begin{pmatrix} -2 & 2 & -1 \\ 1 & -2 & 0 \end{pmatrix} = \begin{pmatrix} -1 & 1 & -\dfrac{1}{2} \\ \dfrac{1}{2} & -1 & 0 \end{pmatrix}.$$

【类题】 已知 $A = \begin{pmatrix} 1 & 2 \\ 0 & 1 \end{pmatrix}$，$B = \begin{pmatrix} -2 & 0 \\ 1 & 2 \end{pmatrix}$，且 $2A + 3X = B$，求 X。

答案： $X = \dfrac{1}{3}\begin{pmatrix} -4 & -4 \\ 1 & 0 \end{pmatrix} = \begin{pmatrix} -\dfrac{4}{3} & -\dfrac{4}{3} \\ \dfrac{1}{3} & 0 \end{pmatrix}.$

【例2】 求矩阵 $A = \begin{pmatrix} -2 & 4 \\ 1 & -2 \end{pmatrix}$，$B = \begin{pmatrix} 2 & 4 \\ -3 & -6 \end{pmatrix}$ 的乘积 AB 及 BA。

解： $AB = \begin{pmatrix} -2 & 4 \\ 1 & -2 \end{pmatrix}\begin{pmatrix} 2 & 4 \\ -3 & -6 \end{pmatrix} = \begin{pmatrix} -16 & -32 \\ 8 & 16 \end{pmatrix}$，

$BA = \begin{pmatrix} 2 & 4 \\ -3 & -6 \end{pmatrix}\begin{pmatrix} -2 & 4 \\ 1 & -2 \end{pmatrix} = \begin{pmatrix} 0 & 0 \\ 0 & 0 \end{pmatrix}.$

本例的意义已超出单纯的计算，而且表明：

① 矩阵的乘法不满足交换律；

② 矩阵的乘法不满足消去律，即

a. 若 $AB = 0$，而 $A \neq 0$，不能得出 $B = 0$。

b. 若 $A(X - Y) = 0$，而 $A \neq 0$，不能得出 $X = Y$。

【类题】 已知 $A = \begin{pmatrix} 0 & 0 \\ 0 & 1 \end{pmatrix}$，$X = \begin{pmatrix} 1 & 2 \\ 3 & 4 \end{pmatrix}$，$Y = \begin{pmatrix} 1 & 1 \\ 3 & 4 \end{pmatrix}$，计算 $A(X - Y)$，有何感想？

答案：$A(X-Y)=0$ ，而且 $A \neq 0$, $X \neq Y$ 。

【例 3】思考下列问题：

① 设有矩阵方程 $XA=B$ ，若 A 可逆，则 $X=A^{-1}B$ 。试问该命题是否正确？

答：不正确。正确的应该是 $X=BA^{-1}$ 。

② 等式 $(AB)^T=A^TB^T$ 是否正确？

答：不正确。例如，$A=\begin{pmatrix} 1 & -1 \\ 0 & 2 \end{pmatrix}$ ，$B=\begin{pmatrix} 2 & 0 \\ 1 & 1 \end{pmatrix}$ ，$AB=\begin{pmatrix} 1 & -1 \\ 0 & 2 \end{pmatrix}\begin{pmatrix} 2 & 0 \\ 1 & 1 \end{pmatrix}=\begin{pmatrix} 1 & -1 \\ 2 & 2 \end{pmatrix}$ ，

所以 $(AB)^T=\begin{pmatrix} 1 & 2 \\ -1 & 2 \end{pmatrix}$ ，而 $A^TB^T=\begin{pmatrix} 1 & 0 \\ -1 & 2 \end{pmatrix}\begin{pmatrix} 2 & 1 \\ 0 & 1 \end{pmatrix}=\begin{pmatrix} 2 & 1 \\ -2 & 1 \end{pmatrix}$ ，显然，$(AB)^T \neq A^TB^T$ 。

【类题】等式 $(AB)^{-1}=A^{-1}B^{-1}$ 是否正确？

答案：不正确。

【例 4】已知矩阵 A,B,C（A,B 可逆），求 X ，使 $AXB=C$ 。

解：因为矩阵相乘一般不满足交换律，所以矩阵方程两边同时左乘 A^{-1} ，右乘 B^{-1} 得

$$X=A^{-1}CB^{-1} 。$$

注意：千万不能写成 $X=B^{-1}CA^{-1}$ ，更不能写成 $X=\dfrac{C}{AB}$（矩阵没有除法）。

【类题】已知矩阵 A,B,C,X ，满足 $ABX=C$ ，其中 A,B 可逆，求 X 。

答案：$X=B^{-1}A^{-1}C$ 。

【例 5】用初等行变换求矩阵 $A=\begin{pmatrix} 1 & -2 & -1 & 0 & 2 \\ -2 & 4 & 2 & 6 & -6 \\ 2 & -1 & 0 & 2 & 3 \\ 3 & 3 & 3 & 3 & 4 \end{pmatrix}$ 的秩。

解：对矩阵施行初等行变换有

$$A \xrightarrow[\substack{2(1)+(2) \\ -2(1)+(3) \\ -3(1)+(2)}]{} \begin{pmatrix} 1 & -2 & -1 & 0 & 2 \\ 0 & 0 & 0 & 6 & -2 \\ 0 & 3 & 2 & 2 & -1 \\ 0 & 9 & 6 & 3 & -2 \end{pmatrix} \xrightarrow{行交换} \begin{pmatrix} 1 & -2 & -1 & 0 & 2 \\ 0 & 3 & 2 & 2 & -1 \\ 0 & 9 & 6 & 3 & -2 \\ 0 & 0 & 0 & 6 & -2 \end{pmatrix}$$

$$\xrightarrow{-3(2)+(3)} \begin{pmatrix} 1 & -2 & -1 & 0 & 2 \\ 0 & 3 & 2 & 2 & -1 \\ 0 & 0 & 0 & -3 & 1 \\ 0 & 0 & 0 & 6 & -2 \end{pmatrix} \xrightarrow{2(3)+(4)} \begin{pmatrix} 1 & -2 & -1 & 0 & 2 \\ 0 & 3 & 2 & 2 & -1 \\ 0 & 0 & 0 & -3 & 1 \\ 0 & 0 & 0 & 0 & 0 \end{pmatrix} ,$$

所得行阶梯形矩阵中非零行的个数为 3，所以 $r(A)=3$ 。

需要注意的是在对矩阵 A 做初等行变换后第 2 和第 3 个矩阵都不是行阶梯形矩阵，只有第 4 个才是行阶梯形矩阵。

【类题】用初等行变换求矩阵 $A=\begin{pmatrix} 0 & -3 & -2 & 8 & -1 \\ -3 & 3 & 1 & 5 & -7 \\ 1 & -2 & -1 & 1 & 2 \\ 2 & 2 & 2 & 2 & 3 \end{pmatrix}$ 的秩。

答案：$r(A)=3$ 。

应用数学基础(理工类)训练教程

【例6】用初等行变换求方阵 $A = \begin{pmatrix} 1 & 2 & 3 \\ 1 & 3 & 4 \\ 1 & 4 & 4 \end{pmatrix}$ 的逆矩阵。

解：将矩阵 A 与三阶单位阵 E 排在一起，并施以初等行变换

$$(A, E) = \begin{pmatrix} 1 & 2 & 3 & 1 & 0 & 0 \\ 1 & 3 & 4 & 0 & 1 & 0 \\ 1 & 4 & 4 & 0 & 0 & 1 \end{pmatrix} \xrightarrow[-1\times(1)+(3)]{-1\times(1)+(2)} \begin{pmatrix} 1 & 2 & 3 & 1 & 0 & 0 \\ 0 & 1 & 1 & -1 & 1 & 0 \\ 0 & 2 & 1 & -1 & 0 & 1 \end{pmatrix}$$

$$\xrightarrow{-2\times(2)+(3)} \begin{pmatrix} 1 & 2 & 3 & 1 & 0 & 0 \\ 0 & 1 & 1 & -1 & 1 & 0 \\ 0 & 0 & -1 & 1 & -2 & 1 \end{pmatrix} \xrightarrow{-1\times(3)} \begin{pmatrix} 1 & 2 & 3 & 1 & 0 & 0 \\ 0 & 1 & 1 & -1 & 1 & 0 \\ 0 & 0 & 1 & -1 & 2 & -1 \end{pmatrix}$$

$$\xrightarrow[-3\times(3)+(1)]{-1\times(3)+(2)} \begin{pmatrix} 1 & 2 & 0 & 4 & -6 & 3 \\ 0 & 1 & 0 & 0 & -1 & 1 \\ 0 & 0 & 1 & -1 & 2 & -1 \end{pmatrix} \xrightarrow{-2\times(2)+(1)} \begin{pmatrix} 1 & 0 & 0 & 4 & -4 & 1 \\ 0 & 1 & 0 & 0 & -1 & 1 \\ 0 & 0 & 1 & -1 & 2 & -1 \end{pmatrix},$$

所以 $\qquad\qquad\qquad\qquad A^{-1} = \begin{pmatrix} 4 & -4 & 1 \\ 0 & -1 & 1 \\ -1 & 2 & -1 \end{pmatrix}$。

【类题】设 $A = \begin{pmatrix} 1 & 0 & 1 \\ 2 & 1 & 0 \\ -3 & 2 & -5 \end{pmatrix}$，用初等行变换求 $(E-A)^{-1}$。

答案：$(E-A)^{-1} = \begin{pmatrix} 0 & -\dfrac{1}{2} & 0 \\ -3 & -\dfrac{3}{4} & -\dfrac{1}{2} \\ -1 & 0 & 0 \end{pmatrix}$。

【例7】若方阵 A 满足 $A^2 + A = 4E$，证明 $A+E$ 可逆，并求其逆

解：因为 $A(A+E) = 4E$，所以 $\dfrac{1}{4}A(A+E) = E$，即 $A+E$ 可逆，且

$$(A+E)^{-1} = \frac{1}{4}A。$$

注意：本题采用了初等代数里对一元二次方程进行因式分解的方法，做题过程中 $A+E$ 千万不要写成 $A+1$。

【类题】如果方阵 A 满足 $A^2 + 2A = 4E$，证明 $A+2E$ 和 $A-E$ 可逆，并求其逆。

答案：$(A+2E)^{-1} = \dfrac{1}{4}A$，$(A-E)^{-1} = A+3E$。

【例8】求方程组 $\begin{cases} x_1 + 2x_2 - x_3 + 2x_4 = 1 \\ 2x_1 + 4x_2 + x_3 + x_4 = 5 \\ -x_1 - 2x_2 - 2x_3 + x_4 = -4 \end{cases}$ 的通解。

解：对增广矩阵进行初等行变换

90

$$\overline{A} = \begin{pmatrix} 1 & 2 & -1 & 2 & 1 \\ 2 & 4 & 1 & 1 & 5 \\ -1 & -2 & -2 & 1 & -4 \end{pmatrix} \xrightarrow[1\times(1)+(2)]{-2\times(1)+(2)} \begin{pmatrix} 1 & 2 & -1 & 2 & 1 \\ 0 & 0 & 3 & -3 & 3 \\ 0 & 0 & -3 & 3 & -3 \end{pmatrix}$$

$$\xrightarrow{1\times(2)+(3)} \begin{pmatrix} 1 & 2 & -1 & 2 & 1 \\ 0 & 0 & 3 & -3 & 3 \\ 0 & 0 & 0 & 0 & 0 \end{pmatrix} \xrightarrow{\frac{1}{3}\times(3)} \begin{pmatrix} 1 & 2 & -1 & 2 & 1 \\ 0 & 0 & 1 & -1 & 1 \\ 0 & 0 & 0 & 0 & 0 \end{pmatrix}$$

$$\xrightarrow{1\times(2)+(1)} \begin{pmatrix} 1 & 2 & 0 & 1 & 2 \\ 0 & 0 & 1 & -1 & 1 \\ 0 & 0 & 0 & 0 & 0 \end{pmatrix},$$

由于 $r(A) = r(\overline{A}) = 2$，所以方程组有无穷多解。对应的同解方程组为

$$\begin{cases} x_1 + 2x_2 + x_4 = 2, \\ x_3 - x_4 = 1 \end{cases},$$

令 $x_2 = c_1$，$x_4 = c_2$，则方程组的全部解为

$$\begin{cases} x_1 = -2c_1 - c_2 + 2 \\ x_2 = c_1 \\ x_3 = c_2 + 1 \\ x_4 = c_2 \end{cases} \qquad （其中，c_1，c_2 为任意常数）。$$

【类题】求方程组 $\begin{cases} 2x_1 + 3x_2 + x_3 = 4 \\ 3x_1 + 8x_2 - 2x_3 = 13 \\ x_1 - 2x_2 + 4x_3 = -5 \\ 4x_1 - x_2 + 9x_3 = -6 \end{cases}$ 的通解。

答案：$\begin{cases} x_1 = -2c - 1 \\ x_2 = c + 2 \\ x_3 = c \end{cases}$ （其中，c 为任意常数）。

【例 9】求方程组 $\begin{cases} x_1 + 2x_2 + 2x_3 + x_4 = 0 \\ 2x_1 + x_2 - 2x_3 - 2x_4 = 0 \\ x_1 - x_2 - 4x_3 - 3x_4 = 0 \end{cases}$ 的通解。

解：对系数矩阵进行初等行变换

$$A = \begin{pmatrix} 1 & 2 & 2 & 1 \\ 2 & 1 & -2 & -2 \\ 1 & -1 & -4 & -3 \end{pmatrix} \xrightarrow[-1\times(1)+(3)]{-2\times(1)+(2)} \begin{pmatrix} 1 & 2 & 2 & 1 \\ 0 & -3 & -6 & -4 \\ 0 & -3 & -6 & -4 \end{pmatrix} \xrightarrow{-1\times(2)+(3)} \begin{pmatrix} 1 & 2 & 2 & 1 \\ 0 & -3 & -6 & -4 \\ 0 & 0 & 0 & 0 \end{pmatrix}$$

$$\xrightarrow{-\frac{1}{3}\times(2)} \begin{pmatrix} 1 & 2 & 2 & 1 \\ 0 & 1 & 2 & \frac{4}{3} \\ 0 & 0 & 0 & 0 \end{pmatrix} \xrightarrow{-2\times(2)+(1)} \begin{pmatrix} 1 & 0 & -2 & -\frac{5}{3} \\ 0 & 1 & 2 & \frac{4}{3} \\ 0 & 0 & 0 & 0 \end{pmatrix},$$

即得与原方程组同解得方程组为

$$\begin{cases} x_1 - 2x_3 - \dfrac{5}{3}x_4 = 0 \\ x_2 + 2x_3 + \dfrac{4}{3}x_4 = 0 \end{cases},$$

则方程组的全部解为

$$\begin{cases} x_1 = 2c_1 + \dfrac{5}{3}c_2 \\ x_2 = -2c_1 - \dfrac{4}{3}c_2 \\ x_3 = c_1 \\ x_4 = c_2 \end{cases} \quad (\text{其中，} c_1,c_2 \text{为任意常数})。$$

【类题】求方程组 $\begin{cases} x_1 + 2x_2 + 3x_3 - x_4 = 0 \\ 2x_1 + 4x_2 + 5x_3 - 3x_4 - x_5 = 0 \\ -x_1 - 2x_2 - 3x_3 + 3x_4 + 4x_5 = 0 \end{cases}$ 的通解。

答案：$\begin{cases} x_1 = -2c_1 - 5c_2 \\ x_2 = c_1 \\ x_3 = c_2 \\ x_4 = -2c_2 \\ x_5 = c_2 \end{cases} \quad (\text{其中，} c_1,c_2 \text{为任意常数})。$

【例 10】设线性方程组 $\begin{cases} (1+\lambda)x_1 + x_2 + x_3 = 0 \\ x_1 + (1+\lambda)x_2 + x_3 = 3 \\ x_1 + x_2 + (1+\lambda)x_3 = \lambda \end{cases}$，问 λ 取何值时，此方程组①有唯一解；
②无解；③有无穷多个解?

解：对增广矩阵 $\overline{A}$ 进行初等行变换，把它化为行阶梯形矩阵，有

$$\overline{A} = \begin{pmatrix} 1+\lambda & 1 & 1 & 0 \\ 1 & 1+\lambda & 1 & 3 \\ 1 & 1 & 1+\lambda & \lambda \end{pmatrix} \xrightarrow{(1)\leftrightarrow(3)} \begin{pmatrix} 1 & 1 & 1+\lambda & \lambda \\ 1 & 1+\lambda & 1 & 3 \\ 1+\lambda & 1 & 1 & 0 \end{pmatrix}$$

$$\xrightarrow[-(1+\lambda)\times(1)+(3)]{-1\times(1)+(2)} \begin{pmatrix} 1 & 1 & 1+\lambda & \lambda \\ 0 & \lambda & -\lambda & 3-\lambda \\ 0 & -\lambda & -\lambda(2+\lambda) & -\lambda(1+\lambda) \end{pmatrix}$$

$$\xrightarrow{1\times(2)+(3)} \begin{pmatrix} 1 & 1 & 1+\lambda & \lambda \\ 0 & \lambda & -\lambda & 3-\lambda \\ 0 & 0 & -\lambda(3+\lambda) & (1-\lambda)(3+\lambda) \end{pmatrix},$$

① 当 $\lambda \neq 0$，且 $\lambda \neq -3$ 时，$r(A) = r(\overline{A}) = 3$，方程组有唯一解；

② 当 $\lambda = 0$ 时，$r(A) = 1, r(\overline{A}) = 2$，方程组无解；

③ 当 $\lambda = -3$ 时，$r(A) = r(\overline{A}) = 2 < 3$，方程组有无穷多个解。

【类题】设线性方程组 $\begin{cases} x_1 + \lambda x_2 + 4x_3 = 1 \\ \lambda x_1 + 4x_2 + 8x_3 = 4 \end{cases}$，问 λ 取何值时，此方程组① 有唯一解；② 无解；③ 有无穷多个解?

答案：① 方程组没有唯一解；② 当 $\lambda = 2$ 时，方程组无解；③ 当 $\lambda \neq 2$ 时，方程组有无穷多个解。

【例 11】某文具店一周售货情况见表 5-1，试计算该店一周售货总账。

表 5-1

数量 ＼ 星期 货品	一	二	三	四	五	六	单价（元）
小刀（把）	10	8	5	0	12	15	0.5
铅笔（支）	15	20	18	16	8	25	0.2
三角板	20	0	12	15	4	3	1

解：设货品一周销售数量用矩阵 A 表示，单价金额用矩阵 B 表示，一周销售额用 C 表示，即

$$A = \begin{pmatrix} 10 & 8 & 5 & 0 & 12 & 15 \\ 15 & 20 & 18 & 16 & 8 & 25 \\ 20 & 0 & 12 & 15 & 4 & 3 \end{pmatrix}, \quad B = \begin{pmatrix} 0.5 \\ 0.2 \\ 1 \end{pmatrix}$$

则

$$C = B^T A \begin{pmatrix} 1 \\ 1 \\ 1 \\ 1 \\ 1 \\ 1 \end{pmatrix} = (0.5 \quad 0.2 \quad 1) \begin{pmatrix} 10 & 8 & 5 & 0 & 12 & 15 \\ 15 & 20 & 18 & 16 & 8 & 25 \\ 20 & 0 & 12 & 15 & 4 & 3 \end{pmatrix} \begin{pmatrix} 1 \\ 1 \\ 1 \\ 1 \\ 1 \\ 1 \end{pmatrix} = 99.4 \text{（元）}$$

所以该文具店一周的销售额是 99.4 元。

【类题】一家具厂制作方桌、椅子、书柜需要劳动时间（单位：min）由下列矩阵给出：

$$M = \begin{pmatrix} 110 & 105 & 135 \\ 40 & 50 & 110 \\ 80 & 90 & 125 \end{pmatrix} \begin{matrix} 木工 \\ 装配 \\ 油漆 \end{matrix}$$

矩阵 M 中的行表示生产工序，列表示每道工序所用时间。现已知每周劳动可用时间为：木工 20 250min，装配 12 070min，油漆 17 000min。问：① 每周应生产多少方桌、椅子、书柜；② 假定由于放假，下周可用的劳动时间少了，可用劳动时间为：木工 14 960min，装配 8 970min，油漆 12 590，那么，本周家具厂又应生产多少方桌、椅子、书柜。

答案：① 72 个方桌，23 把椅子，72 个书柜。② 92 个方桌，29 把椅子，90 个书柜。

【例 12】在信息传递中，常用1, 2, 3, …, 26 代替 $a, b, c, …, x, y, z$ 26 个英文字母，用0 代替空格。为了保密，经常对所传信息进行加密后再传递。现有一个信息是由矩阵 A 加密过的，其中，

$$A = \begin{pmatrix} -1 & -1 & 2 & 0 \\ 0 & 1 & -1 & 1 \\ 1 & 0 & -1 & 1 \\ 0 & 0 & -1 & 0 \end{pmatrix},$$

信息密文为 $-15, 22, 9, 0, -16, 41, 27, 0, 21, -14, -7, -15, 23, -12, -11, 21$。试解译该密文，并给出信息明文。

解：设矩阵 C 表示信息明文，矩阵 B 表示信息密文，因为信息被加密，即

$$B = AC = \begin{pmatrix} -15 & -16 & 21 & 23 \\ 22 & 41 & -14 & -12 \\ 9 & 27 & -7 & -11 \\ 0 & 0 & -15 & 21 \end{pmatrix},$$

又因 $A^{-1} = \begin{pmatrix} -\dfrac{1}{2} & -\dfrac{1}{2} & \dfrac{1}{2} & -1 \\ -\dfrac{1}{2} & \dfrac{1}{2} & -\dfrac{1}{2} & -1 \\ 0 & 0 & 0 & -1 \\ \dfrac{1}{2} & \dfrac{1}{2} & \dfrac{1}{2} & 0 \end{pmatrix}$

所以 $C = A^{-1}B = \begin{pmatrix} -\dfrac{1}{2} & -\dfrac{1}{2} & \dfrac{1}{2} & -1 \\ -\dfrac{1}{2} & \dfrac{1}{2} & -\dfrac{1}{2} & -1 \\ 0 & 0 & 0 & -1 \\ \dfrac{1}{2} & \dfrac{1}{2} & \dfrac{1}{2} & 0 \end{pmatrix} \begin{pmatrix} -15 & -16 & 21 & 23 \\ 22 & 41 & -14 & -12 \\ 9 & 27 & -7 & -11 \\ 0 & 0 & -15 & 21 \end{pmatrix} = \begin{pmatrix} 1 & 1 & 8 & 10 \\ 14 & 15 & 1 & 9 \\ 0 & 0 & 15 & 21 \\ 8 & 26 & 0 & 0 \end{pmatrix}$

即信息明文是"暗号照旧"。

【类题】若加密矩阵 $A = \begin{pmatrix} 1 & 0 & 0 & -1 \\ 1 & 1 & -1 & 0 \\ 0 & 0 & -1 & 1 \\ -1 & 1 & 2 & -1 \end{pmatrix}$，密文为 20，1，15，0，19，8，5，14，7，0，

25，9，0，10，9，21，试解译该密文，并写出信息明文。

答案：涛声依旧。

【基础知识试题】

一、填空题

1. 设 $A_{m \times n} = A$，$B_{p \times q} = B$，则 $A + B$ 和 AB 同时成立的条件是_____。

2. 若 $AB = AC$，则 B_____C（等于、不一定等于，二选一）。

3. $(AB)^T$ 与 $A^T B^T$ 的关系是_____（相等、不相等，二选一）。

4. 当 $\lambda =$_____时，$(1, 2, 3)$ 与 $\begin{pmatrix} \lambda \\ 2 \\ 1 \end{pmatrix}$ 的乘积等于 8。

5. 等价矩阵的秩_____（相等、不相等，二选一）。

6. 设 $A_{m \times n} = A$，E_1，E_2 均为单位矩阵。由于 $E_1 A = AE_2 = A$，确定 E_1 与 E_2 是否相同？_____（是、否，二选一）。

7. 若齐次线性方程组 $A_{4 \times 3} X_{3 \times 1} = 0$ 有非零解 $X = c_1 \xi_1 + c_2 \xi_2$，其中 c_1，c_2 为任意常数。试问 $r(A) =$_____。

8. 设 $\left(a_{ij}\right)_{m \times n} = A$，$\left(b_{ij}\right)_{p \times q} = B$，则 $A = B$ 的充要条件是_____。

9. 若 $A_{m \times n} = A$ ，则 $A^T A$ 是_____矩阵。

10. 若矩阵 A, B 可逆，则矩阵方程 $AXB = C$ 的解 $X =$ _____。

二、选择题

1. 如果 $A = A^T$ ，则 A 为（　　　）。

A. 行阶梯形矩阵　　　　B. 可逆矩阵　　　　C. 零矩阵　　　　D. 对称矩阵

2. 设有矩阵 $A = A_{2 \times 2}, B = B_{2 \times 3}, C = C_{3 \times 2}$ ，则下列运算正确的是（　　　）。

A. $A + B$　　　　　　B. $AB + B$　　　　C. BA　　　　D. $A - C$

3. 矩阵 A 经过初等行变换后（　　　）。

A. 改变了它的行　　　　　　　　　　B. 改变了它的列

C. 不改变它的秩　　　　　　　　　　D. 改变它的秩

4. 若下列条件之一（　　　）成立，则齐次线性方程组 $A_{m \times n} X_{n \times 1} = 0$ 有非零解。

A. $m < n$　　　　　　B. $m > n$　　　　C. $m = n$　　　　D. $r(A) < m$

5. 若 A, B 均为 n 阶矩阵，则当（　　　）时有 $(A + B)(A - B) \neq A^2 - B^2$ 。

A. $A = E$　　　　　　B. $A = O$　　　　C. $A = B$　　　　D. $A = B^T$

6. 若矩阵 A 是（　　　），则矩阵 A 可能可逆。

A. 单位矩阵　　　　　B. 对称矩阵　　　　C. 零矩阵　　　　D. $|A| \neq 0$

7. 若 A 是 n 阶可逆矩阵，则下列式子（　　　）是正确的。

A. $\left[\left(A^{-1} \right)^{-1} \right]^T = \left[\left(A^T \right)^{-1} \right]^{-1}$　　　　　　B. $(2A)^{-1} = 2A^{-1}$

C. $\left[\left(A^{-1} \right)^{-1} \right]^T = \left[\left(A^T \right)^T \right]^{-1}$　　　　　　D. $|A| = 0$

8. 已知 $A = \begin{pmatrix} 1 & 0 & 0 \\ 0 & 0 & 0 \\ 0 & 0 & 0 \end{pmatrix}$ ，则 A 为（　　　）。

A. 可逆矩阵　　　　　B. 对称矩阵　　　　C. 零矩阵　　　　D. 单位矩阵

三、计算题

1. 已知 $A = \begin{pmatrix} 1 & 2 \\ 3 & 4 \\ 5 & 6 \end{pmatrix}$ ，$B = \begin{pmatrix} 1 & 2 & 3 \\ 4 & 5 & 6 \end{pmatrix}$ ，求 $A^T - 2B$ 。

2. 若 $A = \begin{pmatrix} 1 \\ 2 \\ 3 \end{pmatrix}$ ，$B = (1 \quad 1 \quad 1 \quad 1)$ ，求 $A \cdot B$ 。

3. 若 $A = \begin{pmatrix} 1 & 2 & -1 & 4 \\ 2 & 4 & 3 & 5 \\ -1 & -2 & 6 & -7 \end{pmatrix}$ ，求 $r(A)$ 。

四、解答题

1. 设 $A = \begin{pmatrix} 1 & -1 & 1 \\ 1 & 0 & 1 \\ 1 & -1 & 0 \end{pmatrix}$ ，$B = \begin{pmatrix} 0 & 2 & -2 \\ 2 & -1 & 1 \\ 0 & -1 & 1 \end{pmatrix}$ ，若 A, B 满足 $AX - E = B$ ，求：X 。

2. 设有方程组 $\begin{cases} x_1 + 2x_2 - x_3 + 4x_4 = 2 \\ 2x_1 - x_2 + x_3 + x_4 = 1 \\ x_1 + 7x_2 - 4x_3 + 11x_4 = a \end{cases}$，求：

（1）用矩阵方程表示该方程组；（2）a 为何值时方程组有解，有解时求出全部解。

3. 当 k 为何值时齐次线性方程组 $\begin{cases} kx + y - z = 0 \\ x + ky - z = 0 \\ x - y + z = 0 \end{cases}$ 有非零解。

五、应用题

1. 在一个区的中学生工程设计大赛中，设计项目的分值为 1～10 的数，且分为三部分记分，其中精度占 30%，外形占 20%，设计技巧占 50%，总分为每部分的权重与其分值乘积的和。

求：（1）张华的精度为 8 分，外形为 9 分，设计技巧为 9 分，他的总分是多少。

（2）六个人的成绩如下，试用矩阵计算出每人的总分并决定出名次。

$$\begin{array}{c} \\ \text{精度} \\ \text{外形} \\ \text{技巧} \end{array} \begin{array}{cccccc} A & B & C & D & E & F \\ \left(\begin{array}{cccccc} 8 & 8 & 6 & 9 & 10 & 8 \\ 7 & 6 & 8 & 10 & 10 & 7 \\ 9 & 10 & 10 & 7 & 6 & 8 \end{array}\right) \end{array}$$

2. 一个配剂师想组合四种食物（Ⅰ，Ⅱ，Ⅲ，Ⅳ）使得一餐有 78 单位的维生素 A，67 单位的维生素 B，146 单位的维生素 C，153 单位的维生素 D，如下矩阵给出了每种食物每千克的维生素含量，每顿饭中应有多少千克的各种食物，试给出含有四种食物的最好的套餐答案。

$$\begin{array}{c} \\ A \\ B \\ C \\ D \end{array} \begin{array}{cccc} Ⅰ & Ⅱ & Ⅲ & Ⅳ \\ \left(\begin{array}{cccc} 3 & 2 & 2 & 6 \\ 2 & 3 & 5 & 0 \\ 8 & 6 & 4 & 7 \\ 5 & 5 & 8 & 6 \end{array}\right) \end{array}$$

【基础知识试题答案】

一、填空题

1. A, B 为同阶方阵，或 $m = n = p = q$； 2. 不一定；

3. 不相等； 4. $\lambda = 1$；

5. 相等； 6. 否。只有当 $m = n$ 时，$E_1 = E_2$；

7. $R(A) = 1$； 8. $m = n, p = q$ 且 $a_{ij} = b_{ij}$；

9. n 阶方阵； 10. $A^{-1}CB^{-1}$。

二、选择题

1. D；2. B；3. C；4. A；5. D；6. B；7. A；8. B。

三、计算题

1. $\begin{pmatrix} -1 & -1 & -1 \\ -6 & -6 & -6 \end{pmatrix}$。 2. $\begin{pmatrix} 1 & 1 & 1 & 1 \\ 2 & 2 & 2 & 2 \\ 3 & 3 & 3 & 3 \end{pmatrix}$。 3. $r(A) = 2$。

四、解答题

1. $\begin{pmatrix} 1 & -3 & 5 \\ 1 & -2 & 3 \\ 1 & 3 & -4 \end{pmatrix}$。

2. （1）$\begin{pmatrix} 1 & 2 & -1 & 4 \\ 2 & -1 & 1 & 1 \\ 1 & 7 & -4 & 11 \end{pmatrix} \begin{pmatrix} x_1 \\ x_2 \\ x_3 \\ x_4 \end{pmatrix} = \begin{pmatrix} 2 \\ 1 \\ a \end{pmatrix}$；

（2）当 $a = 5$ 时，方程组有无穷多解。其通解为 $\begin{cases} x_1 = \dfrac{4}{5} - \dfrac{1}{5}c_1 - \dfrac{6}{5}c_2 \\ x_2 = \dfrac{3}{5} + \dfrac{3}{5}c_1 - \dfrac{7}{5}c_2 \\ x_3 = c_1 \\ x_4 = c_2 \end{cases}$，（$c_1, c_2 \in R$）。

3. $k = 1$。

五、应用题

1. （1）8.7；（2）因为（8.3 8.6 8.4 8.2 8 7.8），所以 $B > C > A > D > E > F$。

2. Ⅰ $= \dfrac{156}{37} = 4.22$，　Ⅱ $= \dfrac{229}{37} = 6.19$，　Ⅲ $= 8$，　Ⅳ $= \dfrac{228}{37} = 6.16$。

【能力提高试题】

一、填空题

1. 已知：$A = \begin{pmatrix} 1 & 2 & 0 \\ 3 & 0 & a \end{pmatrix}$，$B = \begin{pmatrix} 2 & 3 \\ 0 & 0 \\ 0 & 5 \end{pmatrix}$，若 $AB = \begin{pmatrix} 2 & 3 \\ 6 & 9 \end{pmatrix}$，则 $a = $ _____。

2. 设 $A = \begin{pmatrix} 1 & 1 \\ 0 & 0 \end{pmatrix}$，若 $AX = XA$，则 $X = $ _____。

3. 如果 $A_{5\times 6} B_{6\times 1} = C$，则矩阵 C 为 _____ 矩阵。

4. 设有线性方程组 $A_{3\times 4} X_{4\times 1} = 0$，如果 $r(A) = 2$，则自由变量有 _____ 个。

5. 若 n 阶矩阵 A 可逆，则必有 $r(A) = n$ _____（对、错，二选一）。

6. 若 $AB = X - B$，则 $X = (A+1)B$ _____（对、错，二选一）。

二、选择题

1. 若 $XY = E$，则（　　）。

A. 矩阵 X 可逆　　　　　　　　　　B. 矩阵 Y 可逆

C. 矩阵 X, Y 都可逆　　　　　　　　D. 结果 A，B，C 都不对

2. 设 $A = \left(a_{ij}\right)_{m \times n} (m \neq n)$ 为非零实矩阵，则（　　）成立。

A. A^2　　　　B. $A + A^T$　　　　C. AA^T　　　　D. A^{-1}

3. 若 A, B, C 为同阶方阵，且 $ABC = E$，则下面结论（　　）成立。

A. $BCA = E$　　B. $ACB = E$　　C. $BAC = E$　　D. $CBA = E$

4. 设 A, B, C 均为 n 阶矩阵，则下列运算（　　）不符合运算律。

A. $(A+B)+C = (C+B)+A$　　　　B. $(A+B)C = CA+CB$

C. $(AB)C = A(BC)$　　　　D. $\left(ABC\right)^T = C^T B^T A^T$

5. 设 A, B, C 均为 n 阶矩阵，若 A 可逆，则有（　　）。

A. $ABC = 0 \Rightarrow A = 0$　　　　B. $ABC = 0 \Rightarrow B = 0$

C. $ABC = 0 \Rightarrow C = 0$　　　　D. $ABC = 0 \Rightarrow BC = 0$

6. 设 $A, B, A+B, A^{-1}+B^{-1}$ 均可逆，则 $\left(A^{-1}+B^{-1}\right)^{-1}$ 等于（　　）。

A. $A^{-1}+B^{-1}$　　B. $A+B$　　C. $(A+B)^{-1}$　　D. $B(A+B)^{-1}A$

7. 下列矩阵哪些是行最简形矩阵（　　）。

A. $\begin{pmatrix} 2 & 1 & 0 & 1 \\ 0 & 0 & 1 & 1 \\ 0 & 0 & 0 & 0 \end{pmatrix}$　　　　B. $\begin{pmatrix} 1 & 1 & 0 & 1 \\ 0 & 1 & 1 & 1 \\ 0 & 0 & 0 & 0 \end{pmatrix}$

C. $\begin{pmatrix} 0 & 1 & 0 & 1 \\ 0 & 0 & 1 & 1 \\ 0 & 0 & 0 & 0 \end{pmatrix}$　　　　D. $\begin{pmatrix} 1 & 0 & 0 & 1 \\ 0 & 1 & 0 & 1 \\ 0 & 1 & 1 & 1 \end{pmatrix}$

8. $\lambda = ($　　$)$ 时，下面方程组有唯一解？

$$\begin{cases} x_1 + x_2 + x_3 = \lambda - 1 \\ 2x_1 - x_3 = \lambda - 2 \\ x_3 = \lambda - 3 \\ (\lambda - 1)x_3 = -(\lambda - 3)(\lambda - 1) \end{cases}$$

A. 1　　　　B. 2　　　　C. 4　　　　D. 5

9. 设齐次线性方程组 $AX = 0$ 的通解为 $X = c_1 \begin{pmatrix} 1 \\ 0 \\ 2 \end{pmatrix} + c_2 \begin{pmatrix} 0 \\ 1 \\ -1 \end{pmatrix}$，则系数矩阵 A 为（　　）。

A. $(-2, 1, 1)$　　B. $\begin{pmatrix} 2 & 0 & -1 \\ 0 & 1 & 1 \end{pmatrix}$　　C. $\begin{pmatrix} -1 & 0 & 2 \\ 0 & 1 & -1 \end{pmatrix}$　　D. $\begin{pmatrix} 0 & 1 & -1 \\ 4 & -2 & -2 \\ 0 & 1 & 1 \end{pmatrix}$

10. 设有矩阵 $A = A_{m \times n}$，$B = B_{n \times m}$ 满足齐次方程组 $ABX = 0$，则（　　）。

A. 当 $n > m$ 时，仅有零解　　　　B. 当 $m > n$ 时，必有非零解

C. 当 $m > n$ 时，仅有零解　　　　D. 当 $n > m$ 时，必有非零解

三、计算题

1. 设 $A = \begin{pmatrix} x & 0 \\ 7 & y \end{pmatrix}$，$B = \begin{pmatrix} u & v \\ y & 2 \end{pmatrix}$，$C = \begin{pmatrix} 3 & -4 \\ x & v \end{pmatrix}$，且 $A + 2B - C = 0$，求 x, y, u, v 的值。

2. 设 $A = \begin{pmatrix} 1 & 2 & 1 & 2 \\ 2 & 1 & 2 & 1 \\ 1 & 2 & 3 & 4 \end{pmatrix}$, $B = \begin{pmatrix} 4 & 3 & 2 & 1 \\ -2 & 1 & -2 & 1 \\ 0 & -1 & 0 & -1 \end{pmatrix}$,

（1）若 X 满足 $(2A+X)+2(B-X)=0$，求 X；

（2）若 Y 满足 $A+Y=B$，求 Y^T。

3. 设有方程组 $\begin{cases} x_1 + 2x_2 - x_3 + 2x_4 = 1 \\ 2x_1 + 4x_2 + x_3 + x_4 = 5 \\ -x_1 - 2x_2 - 2x_3 + x_4 = -4 \end{cases}$ ，

（1）将方程组写成矩阵方程 $AX=B$；

（2）计算 $B^T A$；

（3）计算 $r(\overline{A})$；

（4）求 $AX=B$ 的通解。

4. 设矩阵 A, B, C 满足 $\left(E - C^{-1}B\right)^T C^T A = E$，求 A。其中

$$B = \begin{pmatrix} 1 & -1 & 0 & 0 \\ 0 & 1 & -1 & 0 \\ 0 & 0 & 1 & -1 \\ 0 & 0 & 0 & 1 \end{pmatrix}, \quad C = \begin{pmatrix} 2 & 1 & 3 & 4 \\ 0 & 2 & 1 & 3 \\ 0 & 0 & 2 & 1 \\ 0 & 0 & 0 & 2 \end{pmatrix},$$

5. 设矩阵 X 满足 $XA = X + BB^T$，求 X。其中

$$A = \begin{pmatrix} 1 & -1 & 1 \\ -1 & 1 & -1 \\ 1 & -1 & 1 \end{pmatrix}, B = \begin{pmatrix} 1 \\ -1 \\ 1 \end{pmatrix}。$$

6. 设矩阵 $A = \begin{pmatrix} 4 & 2 & 3 \\ 2 & 2 & 1 \\ 3 & 1 & -1 \end{pmatrix}$, $B = \begin{pmatrix} 1 & 2 & 3 \\ -3 & 2 & -1 \end{pmatrix}$，若 $XA = B$，求 X。

四、解答题

1. 设矩阵 B 满足 $B = (E+A)^{-1}(E-A)$，其中

$$A = \begin{pmatrix} 1 & 0 & 0 & 0 \\ -2 & 3 & 0 & 0 \\ 0 & -4 & 5 & 0 \\ 0 & 0 & -6 & 7 \end{pmatrix}$$

证明：$E+B$ 可逆，并求 $(E+B)^{-1}$。

2. 设 $A = \begin{pmatrix} 1 & 2 & -1 & 3 \\ 4 & 8 & -4 & 12 \\ 3 & 6 & -3 & k \end{pmatrix}$，问 k 取何值时，

（1）$r(A)=1$； （2）$r(A)=2$； （3）$r(A)=3$。

3. 下面线性方程组，当 a, b 为何值时，方程组无解，有唯一解，有无穷多解，并求出无穷多解。

$$\begin{cases} x_1 + x_2 - x_3 = 1 \\ 2x_1 + (a+3)x_2 - 3x_3 = 3 \\ 2x_1 + (a-1)x_2 + bx_3 = a-1 \end{cases}。$$

五、应用题

1. 某两种合金均含有 3 种金属,其成分见表 5-2。

表 5-2

成分 金属 合金	A	B	C
甲	0.8	0.1	0.1
乙	0.4	0.3	0.3

现有甲种合金 30t,乙种合金 20t,求 3 种金属的数量。

2. 在对信息加密时,除了用 1, 2…25, 26 分别代表 $a, b…y, z$,还可以用 0 代表空格。现有一段明码是由下面矩阵 A 加密的

$$A = \begin{pmatrix} 1 & 0 & 1 & 0 \\ 0 & 1 & 0 & 0 \\ 0 & 0 & 1 & 0 \\ 0 & 0 & 0 & 1 \end{pmatrix},$$

而且发出去的密文是 20,14,5,0,41,15,18,12,19,0,15,14,9,0,4,18,18,1,13,0。试问这段密文所对应的明文信息是什么?

【能力提高试题答案】

一、填空题

1. $a = 0$;

2. $X = \begin{pmatrix} x_2 + x_4 & x_2 \\ 0 & x_4 \end{pmatrix}$;

3. 5 行 1 列或 5×1;

4. 2;

5. 对;

6. 错。

二、选择题

1. D; 2. C; 3. A; 4. B; 5. D; 6. D; 7. C; 8. A; 9. A; 10. B。

三、计算题

1. $x = -5$,$y = -6$,$u = 4$,$v = -2$。

2. (1) $X = \begin{pmatrix} 10 & 10 & 6 & 6 \\ 0 & 4 & 0 & 4 \\ 2 & 2 & 6 & 6 \end{pmatrix}$;(2) $Y^T = \begin{pmatrix} 3 & -4 & -1 \\ 1 & 0 & -3 \\ 1 & -4 & -3 \\ -1 & 0 & -5 \end{pmatrix}$。

3. (1) $\begin{pmatrix} 1 & 2 & -1 & 2 \\ 2 & 4 & 1 & 1 \\ -1 & -2 & -2 & 1 \end{pmatrix} \begin{pmatrix} x_1 \\ x_2 \\ x_3 \\ x_4 \end{pmatrix} = \begin{pmatrix} 1 \\ 5 \\ -4 \end{pmatrix}$;(2) $B^T A = (15 \quad 30 \quad 12 \quad 3)$。

（3）$r(\overline{A})=2$；（4）$X=c_1\begin{pmatrix}-2\\1\\0\\0\end{pmatrix}+c_2\begin{pmatrix}-1\\0\\1\\1\end{pmatrix}+\begin{pmatrix}2\\0\\1\\0\end{pmatrix}$。

4. $A=\begin{pmatrix}1&0&0&0\\-2&1&0&0\\1&-2&1&0\\0&1&-2&1\end{pmatrix}$。

5. $X=\dfrac{1}{2}\begin{pmatrix}1&-1&1\\-1&1&-1\\1&-1&1\end{pmatrix}$。

6. $X=\dfrac{1}{14}\begin{pmatrix}5&15&-12\\-23&43&-12\end{pmatrix}$。

四、解答题

1. $(E+B)^{-1}=\begin{pmatrix}1&0&0&0\\-1&2&0&0\\0&-2&3&0\\0&0&-3&4\end{pmatrix}$。

2. （1）$k=9$；（2）$k\neq9$；（3）不可能。

3. 当 $a\neq-1$ 且 $b\neq1$ 时，有唯一解；

当 $a=-1$ 时，若 $b\neq2$ 方程组无解；

若 $b=2$，方程组有无穷多解。其通解为 $X=c\begin{pmatrix}1&-1&0\end{pmatrix}^T+\begin{pmatrix}0&0&-1\end{pmatrix}^T$；

当 $b=1$ 时，若 $a\neq0$，方程组无解；

若 $a=0$，方程组有无穷多解，且 $X=c\begin{pmatrix}0&1&1\end{pmatrix}^T+\begin{pmatrix}0&1&0\end{pmatrix}^T$。

五、应用题

1. $A=35$，$B=20-C$，$(0<C<20)$。

2. One world one dream（同一个世界同一个梦想）。

第6章 概率论与数理统计初步

【基本知识导学】

一、随机事件及其概率

1. 基本概念

（1）随机现象：在一定条件下，试验或观察出现的结果事先不能确定的现象称为随机现象。

（2）随机试验：具有如下三个特点的试验称为随机试验（简称试验），用 E 表示：

① 可以在相同的条件下重复进行；

② 每次试验的结果具有多种可能性，并且事先能明确试验的所有可能结果；

③ 每次试验之前不能确定该次试验将会出现哪一个结果。

（3）样本点与样本空间：随机试验中，每一个可能的结果称为样本点，记作 e。样本点的全体，称为样本空间，记作 Ω。

（4）随机事件：随机试验 E 的样本空间 Ω 的子集称为试验 E 的随机事件，简称事件。随机事件常用 A，B，C 等表示。

（5）必然事件：在一定条件下，每次试验一定会发生的事件称为必然事件，显然，必然事件就是样本空间 Ω。

（6）不可能事件：在一定条件下，每次试验一定不发生的事件称为不可能事件，记作 Φ。

（7）事件 A 发生就是指在一次实验中，当且仅当事件 A 中有一个样本点 e 出现，记为 $e \in A$，而 A 不发生就是 A 的对立事件 $\overline{A}$ 发生，记为 $e \notin A$ 或 $e \in \overline{A}$。

（8）古典概型：具有下述两个特点的随机试验称为等可能随机试验或古典概型：

① 试验中基本事件总数或样本点数是有限的，可以设为 n 个；

② 每一基本事件发生的可能性相同。

（9）古典概率：在古典概型中，如果样本空间 Ω 中的基本事件总数为 n，事件 A 中包含的基本事件个数为 k，则事件 A 发生的概率为

$$P(A) = \frac{k}{n} = \frac{A \text{ 中所包含的基本事件个数}}{\text{样本空间中的基本事件总数}},$$

这种概率称为古典概率。

（10）统计概率：在相同的条件下重复进行的 n 次实验中，事件 A 发生了 m 次，当试验次数 n 很大时，事件 A 发生的频率 $\frac{m}{n}$ 稳定地在某个常数 p 附近波动，而且这种波动的幅度一般会随着试验次数的增加而缩小，则称常数 p 为事件 A 发生的统计概率，记为 $P(A) = p \approx \frac{m}{n}$。

（11）事件的独立性：若 $P(AB) = P(A)P(B)$，则称事件 A 与事件 B 相互独立。

2．事件间的关系（见表 6-1）

表 6-1

名称	语言描述	符号表示
事件的包含关系	事件 A 发生必然导致事件 B 发生	$A \subset B$
事件的相等关系	事件 A 与事件 B 相互包含	$A = B$（$A \subset B$ 且 $A \supset B$）
和事件	事件 A 与事件 B 中至少有一个发生	$A \cup B$
积事件	事件 A 与事件 B 同时发生	$A \cap B$（或 AB）
互不相容事件 （又称互斥事件）	事件 A 与事件 B 不能同时发生	$AB = \Phi$
对立事件 （又称逆事件）	事件 A 与 B 中有且仅有一个事件发生	$A \cup B = \Omega$，$AB = \Phi$（记）$B = \overline{A}$

3．概率的有关性质

（1）对任意事件 A，有 $0 \leqslant P(A) \leqslant 1$。

（2）$P(\Phi) = 0$，$P(\Omega) = 1$。

（3）若 A，B 互斥（或 A，B 互不相容），即 $AB = \Phi$，则 $P(A \cup B) = P(A) + P(B)$。

（4）A 与 $\overline{A}$ 的关系：$A\overline{A} = \Phi$，$A \cup \overline{A} = \Omega$。

（5）若事件 A 与事件 B 相互独立，则 $\overline{A}$ 与 B，A 与 $\overline{B}$，$\overline{A}$ 与 $\overline{B}$ 也相互独立。

4．概率的计算

（1）加法公式 $P(A \cup B) = P(A) + P(B) - P(AB)$。

（2）$P(\overline{A}) = 1 - P(A)$。

（3）古典概率：$P(A) = \dfrac{k}{n}$，其中 k 是 A 中的基本事件数，n 是样本空间 Ω 中的基本事件总数。

（4）条件概率：$P(A \mid B) = \dfrac{P(AB)}{P(B)}$，其中 $P(B) > 0$。

（5）乘法公式：$P(AB) = P(B)P(A \mid B)$。

（6）若 A，B 相互独立，则 $P(A \cup B) = P(A) + P(B) - P(A)P(B)$，

或 $P(A \cup B) = 1 - P\left(\overline{AB}\right) = 1 - P\left(\overline{A}\right)P\left(\overline{B}\right)$。

二、随机变量及其分布

1．随机变量的概念

（1）随机变量：若随机试验的每一个基本事件都赋以一个实数，这样定义的函数称为随机变量，通常用大写的字母 X, Y, Z 等表示，也可用 ξ, η 等表示，而表示随机变量所取的值时，一般用小写的字母 a, b, x, y 等表示。

（2）分类：离散型随机变量和非离散型随机变量。

离散型随机变量：随机变量 X 的所有可能取值可以逐个列举出来。

非离散型随机变量：随机变量 X 所有可能的取值不能一一列举。其中最重要的就是所谓的连续型随机变量。

（3）离散型随机变量的概率分布：若离散型随机变量 X 的全部可能取值为 $x_1, x_2, \cdots, x_i, \cdots$，且 X 取 x_i 的概率为 p_i $(i = 1, 2, 3, \cdots)$，则称 $P\{X = x_i\} = p_i$ $(i = 1, 2, 3, \cdots)$ 为 X 的概率分布或分布律。常用下表来表示离散型随机变量 X 的分布律

$$\begin{array}{c|ccccc} X & x_1 & x_2 & \cdots & x_n & \cdots \\ \hline P & p_1 & p_2 & \cdots & p_n & \cdots \end{array}。$$

离散型随机变量 X 的分布律满足下列两个性质：

① $0 \leqslant p_i \leqslant 1 \quad (i=1,2,3,\cdots)$ ；　② $\sum\limits_{i=1}^{\infty} p_i = 1$ 。

（4）连续型随机变量及其概率密度：设 X 是随机变量，若存在定义在整个实数轴上的非负函数 $f(x)$ ，对于任意两个实数 $a,b(a \leqslant b)$ ，使得

$$P\{a \leqslant X \leqslant b\} = \int_a^b f(x)\mathrm{d}x ,$$

则称 X 为连续型随机变量，并称 $f(x)$ 为 X 的概率密度函数，简称概率密度。

连续型随机变量 X 的概率密度函数 $f(x)$ 满足下列两个性质：

① $f(x) \geqslant 0$ ；　② $\int_{-\infty}^{+\infty} f(x)\mathrm{d}x = 1$ 。

2．随机变量的数字特征

（1）数学期望

① 离散型随机变量的数学期望：设离散型随机变量 X 的分布律为

$$\begin{array}{c|ccccc} X & x_1 & x_2 & \cdots & x_n & \cdots \\ \hline P & p_1 & p_2 & \cdots & p_n & \cdots \end{array},$$

若 $\sum\limits_{n=1}^{\infty} x_n p_n$ 存在，则称 $\sum\limits_{n=1}^{\infty} x_n p_n$ 为离散型随机变量 X 的数学期望（简称期望或均值），记作 $E(X)$ 。

② 连续型随机变量的数学期望：设连续型随机变量 X 的概率密度为 $f(x)$ ，若 $\int_{-\infty}^{+\infty} xf(x)\mathrm{d}x$ 存在，则称 $\int_{-\infty}^{+\infty} xf(x)\mathrm{d}x$ 为连续型随机变量 X 的数学期望，记作 $E(X)$ 。

（2）方差

① 离散型随机变量的方差：设离散型随机变量 X 的分布律为

$$\begin{array}{c|ccccc} X & x_1 & x_2 & \cdots & x_n & \cdots \\ \hline P & p_1 & p_2 & \cdots & p_n & \cdots \end{array},$$

其数学期望为 $E(X)$ ，若 $\sum\limits_{n=1}^{\infty}[x_n-E(X)]^2 p_n$ 存在，则称 $\sum\limits_{n=1}^{\infty}[x_n-E(X)]^2 p_n$ 为离散型随机变量 X 的方差，记作 $D(X)$ 。

② 连续型随机变量的方差：设连续型随机变量 X 的概率密度为 $f(x)$ ，其数学期望为 $E(X)$ ，若 $\int_{-\infty}^{+\infty}[x-E(X)]^2 f(x)\mathrm{d}x$ 存在，则称 $\int_{-\infty}^{+\infty}[x-E(X)]^2 f(x)\mathrm{d}x$ 为连续型随机变量 X 的方差，记作 $D(X)$ 。

③ 方差的计算： $D(X) = E(X^2) - [E(X)]^2$ 。

（3）性质

① 数学期望的性质：设 X 是一随机变量， a,b 为常数，若 $E(X)$ 存在，则

$$E(aX+b) = aE(X)+b ,$$

特别地，当 $a=0$ 时，有 $E(b)=b$ 。

② 方差的性质：设 X 是一随机变量， a,b 为常数，若 $D(X)$ 存在，则

$$D(aX+b) = a^2 D(X) ,$$

特别地，当 $a=0$ 时，有 $D(b)=0$ 。

3．随机变量的几个常见分布及其数字特征（见表 6-2）

表 6-2

名　称	分布律或概率密度	$E(X)$	$D(X)$
两点分布	$\begin{array}{c\|cc} X & 0 & 1 \\ \hline P & 1-p & p \end{array}$	p	$p(1-p)$
二项分布 $X \sim B(n, p)$	$P\{X = k\} = C_n^k p^k (1-p)^{n-k}$, $k = 0, 1, 2, \cdots, n$	np	$np(1-p)$
均匀分布 $X \sim U(a, b)$	$f(x) = \begin{cases} \dfrac{1}{b-a}, & a < x < b \\ 0, & \text{其他} \end{cases}$	$\dfrac{a+b}{2}$	$\dfrac{(b-a)^2}{12}$
正态分布 $X \sim N(\mu, \sigma^2)$	$f(x) = \dfrac{1}{\sqrt{2\pi}\sigma} \mathrm{e}^{-\frac{(x-\mu)^2}{2\sigma^2}}$, $-\infty < x < +\infty$ ， $\mu, \sigma(> 0)$ 为常数	μ	σ^2

4．正态分布概率的计算

（1）若 $X \sim N(0, 1)$ ，则

① $P\{X \leqslant a\} = \Phi(a)$ ；② $P\{a < X \leqslant b\} = \Phi(b) - \Phi(a)$ ；③ $\Phi(-a) = 1 - \Phi(a)$ 。

（2）若 $X \sim N(\mu, \sigma^2)$ ，则

① $P\{X \leqslant a\} = \Phi\left(\dfrac{a-\mu}{\sigma}\right)$ ；② $P\{a < X \leqslant b\} = \Phi\left(\dfrac{b-\mu}{\sigma}\right) - \Phi\left(\dfrac{a-\mu}{\sigma}\right)$ 。

三、抽样及抽样分布

1．总体、样本和统计量

（1）总体：指所要研究对象的数量指标的全体，用 X 表示，它是一个随机变量。

（2）个体：指总体中每一个元素的数量指标，也是随机变量。

（3）样本：指从总体 X 中抽出来的 n 个个体，记为 $X_1, X_2, \cdots, X_n$ ，并满足两个条件：

① $X_1, X_2, \cdots, X_n$ 相互独立；② 每个 $X_i (i = 1, 2, \cdots, n)$ 和总体 X 有相同的分布。

（4）统计量：即样本 $X_1, X_2, \cdots, X_n$ 的函数，记为 $g(X_1, X_2, \cdots, X_n)$ ，其中不含有任何未知参数，统计量也是随机变量。

2．几个重要的统计量

设 $X_1, X_2, \cdots, X_n$ 为样本，相应的样本观察值为 $x_1, x_2, \cdots, x_n$ ，则

（1）样本均值 $\overline{X} = \dfrac{1}{n}\sum\limits_{i=1}^{n} X_i$ ， $\overline{x} = \dfrac{1}{n}\sum\limits_{i=1}^{n} x_i$ ；

（2）样本方差 $S^2 = \dfrac{1}{n-1}\sum\limits_{i=1}^{n}\left(X_i - \overline{X}\right)^2$ ， $s^2 = \dfrac{1}{n-1}\sum\limits_{i=1}^{n}\left(x_i - \overline{x}\right)^2$ ；

样本均方差或标准差 $S = \sqrt{\dfrac{1}{n-1}\sum\limits_{i=1}^{n}\left(X_i - \overline{X}\right)^2}$ ， $s = \sqrt{\dfrac{1}{n-1}\sum\limits_{i=1}^{n}\left(x_i - \overline{x}\right)^2}$ ；

3．统计学中的常用分布

（1）U 变量：$U = \dfrac{\overline{X} - \mu}{\dfrac{\sigma}{\sqrt{n}}}$ ，其中 $U \sim N(0, 1)$ ，即 U 变量的概率分布曲线就是标准正态分

布曲线。

（2）T 变量：$T = \dfrac{\overline{X} - \mu}{\dfrac{S}{\sqrt{n}}}$，且 $T \sim t(n-1)$，当 n 很大时，T 分布近似于 $N(0,1)$，其中 $n-1$

称为 T 分布的自由度。

（3）χ^2 变量：$\chi^2 = \dfrac{(n-1)S^2}{\sigma^2}$，且 $\chi^2 \sim \chi^2(n-1)$，其中，$n-1$ 称为 χ^2 分布的自由度。

4．统计学中常用分布的上 α 分位点

定义：若对于给定的数 α（$0 < \alpha < 1$），存在实数 x_α，使得 $P\{X > x_\alpha\} = \alpha$，则称 x_α 为随机变量 X 的上 α 分位点。

U 分布的上分位点为 u_α，χ^2 分布的上分位点为 $\chi^2_\alpha(n)$，t 分布的上分位点为 $t_\alpha(n)$，其中 $\Phi(u_\alpha) = 1 - \alpha$，$u_{1-\alpha} = -u_\alpha$，$t_{1-\alpha}(n) = -t_\alpha(n)$。分别可以通过查标准正态分布表、$\chi^2$ 分布表、t 分布表查出 u_α，$\chi^2_\alpha(n)$，$t_\alpha(n)$。

四、常用统计方法

1．参数估计

（1）基本概念

① 点估计：抽取随机样本后利用统计量来估计总体参数的值，称为点估计。

② 区间估计：利用统计量把总体参数按指定的概率确定在某个区间范围内，称为区间估计。即若有给定的实数 $\alpha(0 < \alpha < 1)$，存在两个统计量 θ_1, θ_2，使得 $P(\theta_1 < X < \theta_2) = 1 - \alpha$，则称 $1 - \alpha$ 为置信水平或置信度，区间 (θ_1, θ_2) 为置信水平为 $1 - \alpha$ 的置信区间。

（2）正态总体的均值和方差的参数估计

① 点估计

设 $X_1, X_2, \cdots, X_n$ 是来自正态总体 $X \sim N(\mu, \sigma^2)$ 的样本，则总体均值 μ 和总体方差 σ^2 的点估计量分别是样本均值 $\overline{X}$ 和样本方差 S^2。在一次抽样中，总体均值 μ 和总体方差 σ^2 的点估计值则分别为 $\hat{\mu} = \dfrac{1}{n}\sum\limits_{i=1}^{n} x_i$，$\hat{\sigma^2} = \dfrac{1}{n-1}\sum\limits_{i=1}^{n}\left(x_i - \overline{x}\right)^2$，容易发现，$\hat{\mu} = \overline{x}, \hat{\sigma^2} = S^2$

② 正态总体的均值和方差的区间估计（见表 6-3）

表 6-3

被估参数	$\mu = E(X)$		$\sigma^2 = D(X)$
选用的统计量	σ^2 已知 $U = \dfrac{\overline{X} - \mu}{\dfrac{\sigma}{\sqrt{n}}}$	σ^2 未知 $T = \dfrac{\overline{X} - \mu}{\dfrac{S}{\sqrt{n}}}$	$\chi^2 = \dfrac{(n-1)S^2}{\sigma^2}$
条件	$P\{\|U\| < u_{\frac{\alpha}{2}}\} = 1 - \alpha$	$P\{\|t\| < t_{\frac{\alpha}{2}}(n-1)\} = 1 - \alpha$	$P\{\chi^2_{1-\frac{\alpha}{2}}(n-1) < \chi^2 < \chi^2_{\frac{\alpha}{2}}(n-1)\}$ $= 1 - \alpha$
置信区间	$\left(\overline{X} \pm \dfrac{\sigma}{\sqrt{n}}u_{\frac{\alpha}{2}}\right)$	$\left(\overline{X} \pm \dfrac{S}{\sqrt{n}}t_{\frac{\alpha}{2}}(n-1)\right)$	$\left(\dfrac{(n-1)S^2}{\chi^2_{\frac{\alpha}{2}}(n-1)}, \dfrac{(n-1)S^2}{\chi^2_{1-\frac{\alpha}{2}}(n-1)}\right)$

2．假设检验

（1）假设检验的目的：在总体分布函数完全未知或只知其形式、但不知其参数的情况下，为了推断总体的某些未知特性，提出某些关于总体的假设。我们要根据样本对提出的假设做出是接受还是拒绝的决策。假设检验是做出这一决策的过程，所做的假设叫做原假设（或统计假设），用 H_0 表示。

（2）假设检验的基本思想："小概率事件在一次试验中几乎不可能发生。"这一原理称作小概率原理，它是假设检验的依据。运用"小概率原理"检验一个假设是否成立，其思路与反证法类似。

（3）假设检验的一般步骤：

① 根据实际问题的要求，提出原假设 H_0，备择假设 H_1。

② 根据实际问题的要求，确定一个显著性水平 α（α 常选取 0.05，0.01，0.001 等）。

③ 由给定的样本 $X_1, X_2, \cdots, X_n$ 构造一个统计量，统计量所服从的分布通常有：正态分布（常称为 U 统计量）、t 分布、χ^2 分布等，并由构造的统计量(以 U 统计量为例说明)及选取好的置信度 $1-\alpha$，确定相应的分位点。

④ 由临界值找出相应的小概率事件，如由 $P\{|U| > u_{\frac{\alpha}{2}}\} = \alpha$，得 $|U| > u_{\frac{\alpha}{2}}$ 为小概率事件。

⑤ 由所提供的样本值 $x_1, x_2, \cdots, x_n$，计算出统计量的值 U，若 $|U| > u_{\frac{\alpha}{2}}$，小概率事件发生了，则拒绝原假设 H_0，从而接受 H_1；若 $|U| \leqslant u_{\frac{\alpha}{2}}$，小概率事件没有发生，则接受原假设 H_0，从而拒绝 H_1。

（4）单一正态总体的均值和方差的检验（见表 6-4）。

表 6-4

总体	H_0	统计量及其分布	拒绝域
正态总体 $\sigma^2 = \sigma_0^2$ 已知	$\mu = \mu_0$	$U = \dfrac{\overline{X} - \mu}{\dfrac{\sigma}{\sqrt{n}}} \sim N(0,1)$	$|\overline{x} - \mu_0| > u_{\frac{\alpha}{2}} \cdot \dfrac{\sigma_0}{\sqrt{n}}$
正态总体 σ^2 未知	$\mu = \mu_0$	$T = \dfrac{\overline{X} - \mu}{\dfrac{S}{\sqrt{n}}} \sim t(n-1)$	$|\overline{x} - \mu_0| > t_{\frac{\alpha}{2}}(n-1) \cdot \dfrac{s}{\sqrt{n}}$
正态总体 均值 μ 未知	$\sigma^2 = \sigma_0^2$	$\chi^2 = \dfrac{(n-1)S^2}{\sigma^2} \sim \chi^2(n-1)$	$\dfrac{(n-1)s^2}{\sigma_0^2} > \chi_{\frac{\alpha}{2}}^2(n-1)$ 或 $\dfrac{(n-1)s^2}{\sigma_0^2} < \chi_{1-\frac{\alpha}{2}}^2(n-1)$

【例题解析】

【例 1】以下说法是否成立？

① 若事件 A, B 互不相容，事件 B, C 互不相容，则事件 A, C 互不相容；

② 若事件 A, B 互不相容，则事件 A, B 互为对立事件；

③ 事件 A, B 中至少有一个发生的对立事件是 A, B 都不发生；

④ 设事件 $A = $ "两件产品都是正品"，则 $\overline{A} = $ "两件产品都不是正品"。

解： ① 不成立。如掷色子的试验，设 $A = \{1, 3, 5\}$，$B = \{2, 4, 6\}$，$C = \{3, 5\}$，则事件 A, B 互

不相容，事件B,C互不相容，但事件A,C不是互不相容的。

② 不成立。如在①中B,C互不相容，但B,C不是互为对立事件。

③ 成立。事件A,B中至少有一个发生的对立事件可以表示为$\overline{A \cup B}$，根据对偶公式，有$\overline{A \cup B} = \overline{A}\,\overline{B}$，即$A,B$都不发生。

④ 不成立。应该是$\overline{A} =$"两件产品不都是正品"或$\overline{A} =$"两件产品中至少有一个不是正品"。

【类题】以下说法是否成立？

① 若A,B互为对立事件，则A,B互不相容；

② 事件A,B都发生的对立事件是A,B中至少有一个不发生；

③ 事件$A =$"产品甲畅销或产品乙滞销"，则$\overline{A} =$"产品甲滞销和产品乙畅销"。

答案：① 成立；② 成立；③ 不成立。

【例2】以下说法是否正确？

① 设$P(A) > 0$，$P(B) > 0$，若A,B相互独立，则A,B一定不能互斥；

② 若$P(A) = 0.4, P(B) = 0.6$，则$P(A \cup B) = 1$。

解：① 正确。因$P(A) > 0$，$P(B) > 0$，且A,B相互独立，则$P(AB) = P(A)P(B) > 0$，故A,B一定不能互斥。

② 错误。$P(A \cup B) = P(A) + P(B) - P(AB) = 1 - P(AB)$，当且仅当$P(AB) = 0$时$P(A \cup B) = 1$。

【例3】设A,B,C表示三个事件，试将下列事件用A,B,C表示出来：

① A发生，B,C都不发生；

② A,B都发生，C不发生；

③ 三个事件都发生；

④ 三个事件都不发生。

解：① $A\overline{B}\,\overline{C}$；② $AB\overline{C}$；③ ABC；④ $\overline{A}\,\overline{B}\,\overline{C}$。

【类题】①"A,B,C三个事件中至少有一个发生"如何表示？②"A,B,C三个事件中至少有两个发生"如何表示？

答案：① $A \cup B \cup C$；② $AB \cup BC \cup CA$。

【例4】设$P(A) = 0.4, P(B) = 0.6$，

① 若$P(A \cup B) = 0.9$，求$P(AB)$；

② 若A,B相互独立，求$P(A \cup B)$；

③ 若A,B互不相容，求$P(A \cup B)$。

解：① 由于$P(A \cup B) = P(A) + P(B) - P(AB)$，得
$$P(AB) = P(A) + P(B) - P(A \cup B) = 0.4 + 0.6 - 0.9 = 0.1；$$

② 因为A,B相互独立，所以
$$P(A \cup B) = P(A) + P(B) - P(A)P(B) = 0.4 + 0.6 - 0.4 \times 0.6 = 0.76。$$

③ 若A,B互不相容，则$AB = \Phi$，所以$P(AB) = 0$，从而
$$P(A \cup B) = P(A) + P(B) = 0.4 + 0.6 = 1。$$

【类题】设A,B为两个事件，$P(A) = 0.4$，$P(A \cup B) = 0.7$。① 若A,B互不相容，求$P(B)$；② 若A,B相互独立，求$P(B)$。

答案：① 0.3；② 0.5。

【例 5】已知 $P(A)=0.5$，$P(B)=0.4$，$P(AB)=0.1$，求

① $P(A|B)$，$P(B|A)$；② $P(A|A\cup B)$；③ $P(A|AB)$。

解：① $P(A|B)=\dfrac{P(AB)}{P(B)}=\dfrac{0.1}{0.4}=0.25$，$P(B|A)=\dfrac{P(AB)}{P(A)}=\dfrac{0.1}{0.5}=0.2$。

② 因 $P(A\cup B)=P(A)+P(B)-P(AB)=0.5+0.4-0.1=0.8$，所以

$$P(A|A\cup B)=\frac{P(A(A\cup B))}{P(A\cup B)}=\frac{P(A)}{P(A\cup B)}=\frac{0.5}{0.8}=0.625。$$

③ $P(A|AB)=\dfrac{P(AB)}{P(AB)}=1$。

【类题】已知 $P(AB)=0.05$，$P(A\overline{B})=0.45$，$P(\overline{A}B)=0.1$，求

① $P(A),P(B)$；② $P(B|A),P(B|\overline{A})$；③ $P(A|\overline{B}),P(A|B)$。

答案：① 0.5，0.15；② 0.1，0.2；③ 9/17，1/3。

【例 6】设有一批产品 10 件，其中 8 件合格品，2 件次品。现从这批产品中任取 3 件，求下列概率：① 取出的 3 件中至多有一件次品；② 取出的 3 件中恰有一件次品。

解：样本空间中的基本事件总数 n 就是从 10 件中任取 3 件的方法数，$n=C_{10}^3=120$，

① 设 A 表示"取出的 3 件中至多有一件次品"，则 A 中可能有一件次品，也可能没有次品，从而 A 中的基本事件数 $k=C_8^2C_2^1+C_8^3=56+56=112$，

故 $P(A)=\dfrac{k}{n}=\dfrac{112}{120}=\dfrac{14}{15}$。

② 设 B 表示"取出的 3 件中恰有一件次品"，则 B 中的基本事件数为 $C_8^2C_2^1=56$，

故 $P(B)=\dfrac{56}{120}=\dfrac{7}{15}$。

【类题】袋中有 3 只白球，4 只红球，2 只黄球，在其中任取 3 只。求下列概率：

① 3 只中恰有一个红球；② 3 只中恰有 3 只白球；

③ 3 只中至少有 2 个红球；④ 3 只中没有黄球。

答案：① $\dfrac{10}{21}$；② $\dfrac{1}{84}$；③ $\dfrac{17}{42}$；④ $\dfrac{5}{12}$。

【例 7】已知甲、乙两人独立地破译一份密码，甲单独译出的概率为 0.8，乙单独译出的概率为 0.85，求① 密码被译出的概率；② 恰有一人能译出密码的概率。

解：设 $A=\{$甲单独译出密码$\}$，$B=\{$乙单独译出密码$\}$，则 $P(A)=0.8$，$P(B)=0.85$，且事件 A,B 相互独立，于是

① P（密码被译出）$=P(A\cup B)=P(A)+P(B)-P(A)P(B)$
$$=0.8+0.85-0.8\times0.85=0.97；$$

② P（恰有一人能译出密码）$=P(A\overline{B}\cup\overline{A}B)=P(A\overline{B})+P(\overline{A}B)$
$$=P(A)P(\overline{B})+P(\overline{A})P(B)=0.8\times0.15+0.2\times0.85=0.29。$$

【类题】每个元件正常工作的概率为 0.8，求以下系统正常工作的概率：

① 两个元件组成一个串联系统；

② 两个元件组成一个并联系统；

③ 两个元件先串联再和第三个元件并联组成的系统。

答案：① 0.64；② 0.96；③ 0.928。

【例8】设离散型随机变量 X 的分布律为 $P\{X=k\}=\dfrac{a}{3^k}$（ $k=1,2,\cdots$ ），求

① 求常数a；② $P\{X<4\}$ ；③ $P\{1\leqslant X<5\}$ 。

解：① 利用 $\sum\limits_{k}p_k=1$ ，得

$$\sum_{k=1}^{\infty}\frac{a}{3^k}=a\left(\frac{1}{3}+\frac{1}{3^2}+\cdots+\frac{1}{3^k}\right)=a\left(\frac{\frac{1}{3}}{1-\frac{1}{3}}\right)=\frac{a}{2}=1 ,$$

于是 $a=2$ ；

② $P\{X<4\}=P\{X=1\}+P\{X=2\}+P\{X=3\}=\dfrac{2}{3}+\dfrac{2}{9}+\dfrac{2}{27}=\dfrac{26}{27}$ ；

③ $P\{1<X<5\}=P\{X=2\}+P\{X=3\}+P\{X=4\}=\dfrac{2}{9}+\dfrac{2}{27}+\dfrac{2}{81}=\dfrac{26}{81}$ 。

【例9】已知离散型随机变量 X 的分布律为：

X	-2	0	1	2	3
P_k	a	0.3	0.3	0.1	0.1

求：① 常数a；② $P\{-1<X\leqslant 2.5\}$ ；③ $E(X)$ ；④ $D(X)$ 。

解：① 利用 $\sum\limits_{k}p_k=1$ ，得

    a+0.3+0.3+0.1+0.1=1，于是a=0.2；

② $P\{-1<X\leqslant 2.5\}=P\{X=0\}+P\{X=1\}+P\{X=2\}=0.3+0.3+0.1=0.7$ ；

③ $E(X)=\sum\limits_{k=1}^{5}x_kp_k=-2\times0.2+0\times0.3+1\times0.3+2\times0.1+3\times0.1=0.4$ ；

④ $E(X^2)=\sum\limits_{k=1}^{5}x_k^2p_k=(-2)^2\times0.2+0^2\times0.3+1^2\times0.3+2^2\times0.1+3^2\times0.1=2.4$ ；

所以 $D(X)=E(X^2)-[E(X)]^2=2.4-0.4^2=2.24$ 。

【类题】设一口袋中有 8 个球，其中 5 个白球，3 个黄球。现从中任取 3 个，记 X 为取得黄球的个数，求① X 的分布律；②恰好取得一个黄球的概率；③至少取得一个黄球的概率。

答案：①

X	0	1	2	3
P_k	$\dfrac{10}{56}$	$\dfrac{30}{56}$	$\dfrac{15}{56}$	$\dfrac{1}{56}$

；② $\dfrac{30}{56}$ ；③ $\dfrac{46}{56}$ 。

【例10】设甲、乙两个灯泡厂生产的灯泡寿命（单位：h） X 和 Y 的分布律分别为：

X	900	1000	1100
P_k	0.1	0.8	0.1

，

Y	950	1000	1050
P_k	0.3	0.4	0.3

，

试问哪个厂家生产的灯泡质量好？

解：灯泡寿命期望值大的质量就好。由数学期望的定义有

$$E(X)=900\times0.1+1000\times0.8+1100\times0.1=1000 ,$$

$$E(Y)=950\times0.3+1000\times0.4+1050\times0.3=1000 。$$

两家灯泡寿命的期望值相等，即两家生产的灯泡平均质量相当。这就需要考察工厂生产

的灯泡质量比较哪一家的更稳定，即需要比较方差，方差小的，寿命值较稳定，灯泡质量较好。由方差的计算公式得

$$D(X) = (900-1000)^2 \times 0.1 + (1000-1000)^2 \times 0.8 + (1100-1000)^2 \times 0.1 = 2000，$$

$$D(Y) = (950-1000)^2 \times 0.3 + (1000-1000)^2 \times 0.4 + (1050-1000)^2 \times 0.3 = 1500，$$

因 $D(X) > D(Y)$，故乙厂生产的灯泡质量较甲厂稳定。

【类题】甲、乙两射手射击时得分情况如下：

X	0	1	2	3
P_k	0.2	0.2	0.4	0.2

X	0	1	2	3
P_k	0.3	0.2	0.1	0.4

试比较两射手的射击水平。

答案：甲的射击水平比乙的稳定。

【例 11】已知有三个函数

$$f_1(x) = \begin{cases} \dfrac{x}{a}e^{-\frac{x^2}{2a}}, & x \geqslant 0, \\ 0, & x < 0, \end{cases} (a>0)，\quad f_2(x) = \begin{cases} \dfrac{1}{2}\cos x, & 0 < x < \pi \\ 0, & \text{其他} \end{cases}，\quad f_3(x) = \begin{cases} \cos x, & |x| < \dfrac{\pi}{2}, \\ 0, & \text{其他} \end{cases}$$

试问这三个函数中哪些是某随机变量的概率密度？若是，则求出该随机变量落在 $[0,1]$ 内的概率。

解：随机变量的概率密度 $f(x)$ 必须满足 $f(x) \geqslant 0$ 及 $\displaystyle\int_{-\infty}^{+\infty} f(x)\mathrm{d}x = 1$，由于三个函数全都是非负的，因而只需讨论是否满足 $\displaystyle\int_{-\infty}^{+\infty} f(x)\mathrm{d}x = 1$。

易求得

$$\int_{-\infty}^{+\infty} f_1(x)\mathrm{d}x = \int_{0}^{+\infty} \frac{x}{a}e^{-\frac{x^2}{2a}}\mathrm{d}x = -e^{-\frac{x^2}{2a}}\Big|_{0}^{+\infty} = 1，$$

$$\int_{-\infty}^{+\infty} f_2(x)\mathrm{d}x = \int_{0}^{\pi} \frac{1}{2}\cos x\,\mathrm{d}x = \frac{1}{2}\sin x\Big|_{0}^{\pi} = 0，$$

$$\int_{-\infty}^{+\infty} f_3(x)\mathrm{d}x = \int_{-\frac{\pi}{2}}^{\frac{\pi}{2}} \cos x\,\mathrm{d}x = \sin x\Big|_{-\frac{\pi}{2}}^{\frac{\pi}{2}} = 2，$$

只有 $f_1(x)$ 满足条件，于是 $f_1(x)$ 就是某个随机变量的概率密度。

设此随机变量为 X，则

$$P\{0 \leqslant X \leqslant 1\} = \int_{0}^{1} \frac{x}{a}e^{-\frac{x^2}{2a}}\mathrm{d}x = -e^{-\frac{x^2}{2a}}\Big|_{0}^{1} = 1 - e^{-\frac{1}{2a}}。$$

【类题】下列哪些函数是某随机变量的概率密度？

$$f_1(x) = \begin{cases} \sqrt{2}(\cos x + \sin x), & 0 < x < \dfrac{\pi}{4}, \\ 0, & \text{其他} \end{cases}，\quad f_2(x) = \begin{cases} 2\sin x, & 0 < x < \pi \\ 0, & \text{其他} \end{cases}，$$

$$f_3(x) = \begin{cases} 3e^{-3x}, & x > 0 \\ 0, & \text{其他} \end{cases}$$

若是，则求出该随机变量落在 $[0, 0.5]$ 内的概率。

答案：只有 $f_3(x)$ 能作为某个随机变量的概率密度，$P\{0 \leqslant X \leqslant 0.5\} = 1 - e^{-1.5}$。

【例 12】设连续型随机变量 X 的概率密度为

$$f(x) = \begin{cases} ax^2, & 0 < x < 2 \\ 0, & \text{其他} \end{cases},$$

求① 常数 a；② $P\{X < 1\}$；③ $E(X)$；④ $D(X)$。

解：① 由 $\int_{-\infty}^{+\infty} f(x)\mathrm{d}x = 1$，得 $\int_0^2 ax^2\mathrm{d}x = 1$，$\frac{1}{3}ax^3\big|_0^2 = 1$，得 $a = \frac{3}{8}$；

② $P\{X < 1\} = \int_0^1 \frac{3}{8}x^2\mathrm{d}x = \frac{1}{8}x^3\big|_0^1 = \frac{1}{8}$；

③ $E(X) = \int_{-\infty}^{+\infty} xf(x)\mathrm{d}x = \int_0^2 x \cdot \frac{3}{8}x^2\mathrm{d}x = \frac{3}{32}x^4\big|_0^2 = \frac{3}{2}$；

④ 因为 $E(X^2) = \int_{-\infty}^{+\infty} x^2 f(x)\mathrm{d}x = \int_0^2 x^2 \cdot \frac{3}{8}x^2\mathrm{d}x = \frac{3}{40}x^5\big|_0^2 = \frac{12}{5}$，

所以 $D(X) = E(X^2) - [E(X)]^2 = \frac{12}{5} - \left(\frac{3}{2}\right)^2 = \frac{3}{20}$。

【例 13】设连续型随机变量 X 的概率密度为

$$f(x) = \begin{cases} 1-x, & 0 \leq x < 1 \\ x-1, & 1 \leq x \leq 2 \\ 0, & \text{其他} \end{cases},$$

求① $P\left\{\frac{1}{2} < X < \frac{3}{2}\right\}$；② $E(X)$；③ $D(X)$。

解：① $P\left\{\frac{1}{2} < X < \frac{3}{2}\right\} = P\left\{\frac{1}{2} < X < 1\right\} + P\left\{1 \leq X < \frac{3}{2}\right\}$

$= \int_{\frac{1}{2}}^1 (1-x)\mathrm{d}x + \int_1^{\frac{3}{2}} (x-1)\mathrm{d}x$

$= \frac{1}{2} - \frac{1}{2}x^2\Big|_{\frac{1}{2}}^1 + \frac{1}{2}x^2\Big|_1^{\frac{3}{2}} - \frac{1}{2} = \frac{1}{4}$；

② $E(X) = \int_0^1 x(1-x)\mathrm{d}x + \int_1^2 x(x-1)\mathrm{d}x = \left(\frac{1}{2}x^2 - \frac{1}{3}x^3\right)\Big|_0^1 + \left(\frac{1}{3}x^3 - \frac{1}{2}x^2\right)\Big|_1^2 = 1$；

③ 因为 $E(X^2) = \int_0^1 x^2(1-x)\mathrm{d}x + \int_1^2 x^2(x-1)\mathrm{d}x$

$= \left(\frac{1}{3}x^3 - \frac{1}{4}x^4\right)\Big|_0^1 + \left(\frac{1}{4}x^4 - \frac{1}{3}x^3\right)\Big|_1^2 = \frac{3}{2}$，

所以 $D(X) = E(X^2) - [E(X)]^2 = \frac{3}{2} - 1 = \frac{1}{2}$，

【类题 1】设随机变量 X 的概率密度为

$$f(x) = \begin{cases} A(8x - 3x^2), & 0 < x < 2 \\ 0, & \text{其他} \end{cases},$$

求① 常数 A；② $P\{X > 1\}$；③ $P\{X = 1.8\}$；④ $E(X)$，$E(X^2)$；⑤ $D(X)$。

答案：① $A = \frac{1}{8}$；② $\frac{5}{8}$；③ 0；④ $\frac{7}{6}$，$\frac{8}{5}$；⑤ $\frac{43}{180}$。

【类题 2】设随机变量 X 的概率密度为

$$f(x) = \begin{cases} ax+b, & 0<x<2 \\ 0, & \text{其他} \end{cases},$$

且 $E(X)=1$，求常数 a 和 b。

答案：$a=0$，$b=\dfrac{1}{2}$。

【例 14】在一个公共汽车站上，某路公共汽车每 5min 有一辆车到达，乘客在 5min 内任一时间到达汽车站都是可能的，① 记 X 为乘客等车的时间，求一乘客等待时间超过 3min 的概率；② 现有 5 个人要在同一车站等车，记 Y 为等车超过 3min 的人数，求 Y 的分布律，并求恰有一人等车超过 3min 的概率；③ 在② 的基础上求 $E(Y)$，$D(Y)$。

解：①易知 $X \sim U(0,5)$，概率密度为

$$f(x) = \begin{cases} \dfrac{1}{5}, & 0<x<5 \\ 0, & \text{其他} \end{cases},$$

所求概率为 $P\{X>3\} = \displaystyle\int_3^5 0.2\mathrm{d}x = 0.4$。

② 由于等车超过 3min 的概率为 0.4，每一个人等车都可以看成一次试验，故 5 个人中等车超过 3min 的人数 Y 服从于二项分布 $B(5,0.4)$，于是得 Y 的分布律为

$$P\{Y=k\} = C_5^k\, 0.4^k \times 0.6^{5-k}, \quad (k=0,1,2,3,4,5)$$

由此得 $\quad P\{Y=1\} = C_5^1 \times 0.4 \times 0.6^4 = 0.2592$。

③ $E(Y) = 5\times 0.4 = 2$，

$D(Y) = 5\times 0.4\times 0.6 = 1.2$。

【类题】设电子管的寿命 X 具有概率密度

$$\phi(x) = \begin{cases} \dfrac{1000}{x^2}, & x>1000 \\ 0, & x\leqslant 1000 \end{cases} \qquad (\text{单位：h})$$

若一个电子管的寿命超过 1500 小时才算合格，求

① 一个电子管不合格的概率；

② 若有 3 个电子管，记不合格的个数为 Y，求 Y 的分布律；并求 $E(Y), D(Y)$。

答案：① $\dfrac{1}{3}$；② $Y \sim B\left(3, \dfrac{1}{3}\right)$，$E(Y)=1, D(Y)=\dfrac{2}{3}$。

【例 15】设随机变量 $X \sim N(1.5, 4)$，计算

① $P\{X<3.5\}$；② $P\{X>-3\}$；③ $P\{|X|<2\}$；④ $E(X), D(X)$。

解：因为 $X \sim N(1.5, 4)$，所以 $\dfrac{X-1.5}{2} \sim N(0,1)$。

① $P\{X<3.5\} = P\left\{\dfrac{X-1.5}{2} < \dfrac{3.5-1.5}{2}\right\} = \varPhi(1) = 0.8413$；

② $P\{X>-3\} = 1-P\{X\leqslant -3\} = 1-P\left\{\dfrac{X-1.5}{2} \leqslant \dfrac{-3-1.5}{2}\right\}$

$\qquad = 1-\varPhi(-2.25) = \varPhi(2.25) = 0.9878$；

③ $P\{|X|<2\} = P\{-2<X<2\} = P\left\{\dfrac{-2-1.5}{2} < \dfrac{X-1.5}{2} < \dfrac{2-1.5}{2}\right\}$

$$= \Phi(0.25) - \Phi(-1.75) = \Phi(0.25) + \Phi(1.75) - 1$$
$$= 0.5987 + 0.9599 - 1 = 0.5586 ;$$

④ $E(X) = 1.5$，$D(X) = 4$。

【类题1】设 $X \sim N(3,16)$，求：① $P\{2 < X < 5\}$；② $P\{|X-1| > 1\}$；③ 确定常数 c，使得 $P\{X > c\} = P\{X \leqslant c\}$；④ $E(X), D(X)$。

答案：① 0.2902；② 0.8253；③ $c=3$；④ 3，16。

【类题2】测量到某一目标的距离时出现的随机误差 X（以 m 计）服从 $N(10,5^2)$，在一次测量中，求概率① $P\{X > 18\}$；② $P\{|X| \leqslant 15\}$；③ 如果接连测量三次，每次测量是相互独立进行的，求至少有一次误差的绝对值不超过 15 的概率。

答案：① 0.0548；② 0.8413；③ $1-(0.1587)^3$。

【例16】已知某批建筑材料的强度 $X \sim N(200,18^2)$，现从中任取一件时，求

① 这批建筑材料的平均强度和标准差；

② 取得这件材料的强度不低于 180 的概率；

③ 如果所用的材料要求以 99% 的概率保证强度不低于 150，问这批材料是否符合这个要求？

解：① 平均强度 $E(X) = 200$，标准差 $\sigma = \sqrt{D(X)} = 18$。

② $P\{X \geqslant 180\} = 1 - P\{X < 180\} = 1 - \Phi\left(\dfrac{180-200}{18}\right)$
$$= 1 - \Phi(-1.11) = \Phi(1.11) = 0.8665。$$

③ $P\{X \geqslant 150\} = 1 - P\{X < 150\} = 1 - \Phi\left(\dfrac{150-200}{18}\right)$
$$= 1 - \Phi(-2.78) = \Phi(2.78) = 0.9973。$$

即从这批材料中任取一件，以概率 99.73%（大于 99%）保证强度不低于 150，故认为这批材料符合所提的要求。

【例17】① 某地 2007 年全国高校统考数学成绩 $X \sim N(115,6^2)$，如某考生得 118 分，求有多少考生名列该生之后？

② 某地 2007 年全国高校统考数学成绩 X 近似服从正态分布，平均成绩为 115 分，至少有 135 分的考生占考生总数的 2.3%，试求考生的数学成绩在 110～120 分的概率。

解：① 由 $X \sim N(115,6^2)$，所以 $\dfrac{X-115}{6} \sim N(0,1)$，从而

$$P\{X > 118\} = 1 - P\left\{\dfrac{X-115}{6} \leqslant \dfrac{118-115}{6}\right\} = 1 - \Phi(0.5) = 1 - 0.6915 = 0.3085，$$

这说明有近 31% 的考生超过了 118 分，因而有近 69% 的考生名列在 118 分的考生之后。

② 由于考生成绩 X 近似服从正态分布，且 $E(X) = 115$，故可设 $X \sim N(115, \sigma^2)$。

由题意知 $P\{X \geqslant 135\} = 0.023$，即有

$$P\left\{\dfrac{X-115}{\sigma} \geqslant \dfrac{135-115}{\sigma}\right\} = 1 - P\left\{\dfrac{X-115}{\sigma} < \dfrac{20}{\sigma}\right\} = 1 - \Phi\left(\dfrac{20}{\sigma}\right) = 0.023，$$

得 $\Phi\left(\dfrac{20}{\sigma}\right) = 0.977$，查表得 $\dfrac{20}{\sigma} \approx 2$，所以 $\sigma \approx 10$，即 $X \sim N(115,10^2)$，

所求概率为

$$P\{110 \leqslant X \leqslant 120\} = P\left\{\frac{110-115}{10} \leqslant \frac{X-115}{10} \leqslant \frac{120-115}{10}\right\}$$

$$= \Phi(0.5) - \Phi(-0.5) = 2\Phi(0.5) - 1 = 2 \times 0.6915 - 1 = 0.383 \text{。}$$

【类题 1】某地区 18 岁的女青年的血压（收缩压，以 mm-Hg 计）服从 $N(110, 12^2)$，在该地区任选一个 18 岁的女青年，测量她的血压 X。求① $P\{X \leqslant 105\}$；② $P\{100 \leqslant X \leqslant 120\}$；③ 确定最小的 x，使得 $P\{X > x\} \leqslant 0.03$。

答案：① 0.3372；② 0.5934；③ 132.56。

【类题 2】某种器件的寿命 X（以小时计）服从 $\mu = 500, \sigma = 60$ 的正态分布，求

① $P\{X > 560\}$；② 求 $P\{|X - 500| > 200\}$；③ 若 $P\{X > x\} \geqslant 0.1$，求 x。

答案：① 0.1587；② 0.0008；③ $x \leqslant 576.92$。

【例 18】设 $X_1, X_2, \cdots, X_n$ 是来自总体 X 的一个样本，当 λ 已知时，$\overline{X} + 2\lambda$，$X_1 + X_n$，$X_1^2 + X_2^2 + \cdots + X_n^2$ 都是统计量，当 λ 未知时 $\overline{X} + 2\lambda$，$X_1^2 + X_2^2 + \cdots + X_n^2 + \lambda$ 都不是统计量。

【类题】设总体 X 服从正态分布 $N(\mu, \sigma^2)$，其中 μ 已知，σ^2 未知，X_1, X_2, X_3 是从总体中抽取的样本，则下列表达式中不是统计量的是（　　）。

A. $X_1 + X_2 + X_3$　　　　B. $X_1^2 + X_2^2 + X_3^2$　　　　C. $\displaystyle\sum_{i=1}^{3} \frac{X_i^2}{\sigma^2}$　　　　D. $X_1 + \mu$

答案：C

【例 19】对下面的样本观察值，分别计算其样本均值和样本方差：

54，67，68，78，70，66，67，70。

解：$\overline{x} = \dfrac{1}{8} \times (54 + 67 + 68 + 78 + 70 + 66 + 67 + 70) = 67.5$，

$$s^2 = \frac{1}{7} \sum_{i=1}^{8} (x_i - 67.5)^2$$

$$= \frac{1}{7}[(54 - 67.5)^2 + (67 - 67.5)^2 + (68 - 67.5)^2 + (78 - 67.5)^2$$

$$+ (70 - 67.5)^2 + (66 - 67.4)^2 + (67 - 67.4)^2 + (70 - 67.4)^2]$$

$$= 44 \text{。}$$

【类题】设有一组样本观察值是 33，36，34，36，36，35，31，35，33，27，计算 $\overline{x}$ 和 s^2。

答案：$\overline{x} = 33.6$，$s^2 = 8.04$。

【例 20】在总体 $X \sim N(52, 6.3^2)$ 中抽取一个容量为 36 的样本，求样本均值落在 50.8 和 53.8 之间的概率。

解：由于 $\mu = 52, \sigma^2 = 6.3^2$，$n = 36$，因此样本均值 $\overline{X} \sim N\left(52, \dfrac{6.3^2}{36}\right) = N(52, 1.05^2)$，

故所求概率　$P\{50.8 \leqslant \overline{X} \leqslant 53.8\} = P\left\{\dfrac{50.8 - 52}{1.05} \leqslant \dfrac{\overline{X} - 52}{1.05} \leqslant \dfrac{53.8 - 52}{1.05}\right\}$

$$= \Phi(1.71) - \Phi(-1.14) = \Phi(1.71) + \Phi(1.14) - 1$$

$$= 0.9564 + 0.8729 - 1 = 0.8293 \text{。}$$

【类题 1】设总体 $X \sim N(61, 4.9)$，从 X 中抽取容量为 10 的一个样本，求样本均值小于 60 的概率。

答案：0.0764。

【类题2】设总体 $X \sim N(12,4)$，从总体 X 中抽取容量为 5 的样本，求样本均值与总体均值之差的绝对值大于 1 的概率。

答案：0.2628。

【例21】设总体 $X \sim N(40,25)$，

① 抽取容量 $n = 64$ 的样本，求 $P\left\{\left|\overline{X} - 40\right| < 1\right\}$；

② 求取样本容量 n 为多大时，才能使 $P\left\{\left|\overline{X} - 40\right| < 1\right\} = 0.95$。

解：① 因 $n = 64$，故 $\overline{X} \sim N\left(40, \dfrac{5^2}{64}\right)$，所以

$$P\left\{\left|\overline{X} - 40\right| < 1\right\} = P\left\{\frac{\left|\overline{X} - 40\right|}{5 / 8} < 1.6\right\} = 2\Phi(1.6) - 1$$
$$= 2 \times 0.9452 - 1 = 0.8904 ;$$

② 因 $X \sim N(40, 25)$，且 n 待定，故 $\overline{X} \sim N\left(40, \dfrac{5^2}{n}\right)$，所以

$$P\left\{\left|\overline{X} - 40\right| < 1\right\} = 1 = P\left\{-1 < \overline{X} - 40 < 1\right\} = \Phi\left(\frac{\sqrt{n}}{5}\right) - \Phi\left(-\frac{\sqrt{n}}{5}\right)$$
$$= 2\Phi\left(\frac{\sqrt{n}}{5}\right) - 1 = 0.95 ,$$

于是 $\Phi\left(\dfrac{\sqrt{n}}{5}\right) = 0.975$，得 $\dfrac{\sqrt{n}}{5} = 1.96$，求得 $n \approx 96.04$，取 $n = 96$ 即可。

【类题1】设总体 $X \sim N(2, 0.5^2)$，$n = 9$，$\overline{X}$ 表示样本均值，求① $P\{1.5 < X < 3.5\}$；
② $P\{1.5 < \overline{X} < 3.5\}$；③ 试比较上述两个结果，能得出什么结论？

答案：① 0.84；② 0.9987；③ 说明 $\overline{X}$ 的取值比 X 的取值更集中在 $\mu = 2$ 的附近。

【类题2】设总体 $X \sim N(\mu, 4)$，若要以 95% 的概率保证样本均值 $\overline{X}$ 与总体均值 μ 的偏差的绝对值小于 0.1，问样本容量 n 应取多大？

答案：1537。

【例22】查表求下列格式中的 λ 值：

① $P\{t(12) > \lambda\} = 0.1$；② $P\{|t(10)| > \lambda\} = 0.05$；③ $P\{\chi^2(15) < \lambda\} = 0.975$，

其中，$t(n)$，$\chi^2(n)$ 分别表示服从自由度为 n 的 t 分布和 χ^2 分布。

解：① $\lambda = t_{0.1}(12) = 1.3562$；

② $\lambda = t_{\frac{0.05}{2}}(10) = t_{0.025}(10) = 2.2281$；

③ 因为 $P\{\chi^2(15) \geq \lambda\} = 0.025$，所以 $\lambda = \chi^2_{0.025}(15) = 27.488$。

【类题】查表求下列格式中的 λ 值：

① $P\{t(12) < \lambda\} = 0.95$；② $P\{|t(8)| < \lambda\} = 0.9$；③ $P\{\chi^2(15) > \lambda\} = 0.975$，

其中 $t(n)$，$\chi^2(n)$ 分别表示服从自由度为 n 的 t 分布和 χ^2 分布。

答案：① $\lambda = 1.7823$；② $\lambda = 1.8595$；③ $\lambda = 6.262$。

【例23】已知炼铁厂生产的铁水的含碳量服从正态分布，其方差 $\sigma^2 = 0.108^2$，现测定 9 炉

铁水的含碳量的平均值为 4.484，求该厂生产的铁水的平均含碳量的置信度为 0.95 的置信区间。

解：因方差 $\sigma^2 = 0.108^2$ 已知，且样本容量为 9，所以有 $U = \dfrac{\overline{X} - \mu}{\dfrac{\sigma}{\sqrt{9}}} = \dfrac{\overline{X} - \mu}{0.036} \sim N(0, 1)$ ，又

$1 - \alpha = 0.95$ ，得 $\alpha = 0.05$ ，

因 $P\left\{ \left| \dfrac{\overline{X} - \mu}{0.036} \right| \leqslant u_{0.025} \right\} = 0.95$ ， $u_{0.025} = 1.96$ ，得 μ 的置信区间为 $\left(\overline{X} \pm 0.036 \times 1.96 \right)$ ，

将 $\overline{x} = 4.484$ 代入，得所求的置信区间为

$$\left(\overline{x} \pm 0.036 \times 1.96 \right) = \left(4.484 \pm 0.071 \right) = \left(4.413, 4.555 \right) 。$$

【类题】 设有来自正态总体 $X \sim N(\mu, 0.9^2)$ 且容量为 9 的样本，其样本均值为 $\overline{x} = 5$ ，求位置参数 μ 的置信度为 0.95 的置信区间。

答案：$(4.412, 5.588)$ 。

【例 24】 为了估计灯泡使用时数的均值 μ 和标准差 σ ，共测试了 10 个灯泡，得 $\overline{x} = 1500\,\text{h}$ ， $s = 20\,\text{h}$ ，如果已知灯泡使用时数是服从正态分布的，求出 μ 和 σ 的置信区间（置信度为 0.95 ）。

解：因 $1 - \alpha = 0.95$ ，得 $\alpha = 0.05$ 。

① 先求 μ 的置信区间，因 σ 未知，且 $n = 10$ ，故选统计量 $T = \dfrac{\overline{X} - \mu}{\dfrac{S}{\sqrt{10}}} \sim t(10 - 1)$ ，有

$$P\left\{ \left| \dfrac{\overline{X} - \mu}{\dfrac{S}{\sqrt{10}}} \right| \leqslant t_{0.025}(9) \right\} = 0.95 ， \quad 得 \mu 的置信区间为$$

$$\left(\overline{X} \pm \dfrac{S}{\sqrt{10}} t_{0.025}(9) \right) ，$$

查表得 $t_{0.025}(9) = 2.2622$ ，并代入 $\overline{x} = 1500$ ， $s = 20$ ，得 μ 的置信区间为

$$\left(\overline{x} \pm \dfrac{s}{\sqrt{10}} t_{0.025}(9) \right) = \left(1500 \pm \dfrac{20}{\sqrt{10}} \times 2.2622 \right) = \left(1485.7, 1514.3 \right) 。$$

② 再求 σ 的置信区间，因 μ 未知，

故选统计量 $\chi^2 = \dfrac{9S^2}{\sigma^2} \sim \chi^2(9)$ ，有 $P\left\{ \chi^2_{0.975}(9) \leqslant \dfrac{9S^2}{\sigma^2} \leqslant \chi^2_{0.025}(9) \right\} = 0.95$ ，得到 σ 的置信区间为

$$\left(\sqrt{\dfrac{9S^2}{\chi^2_{0.025}(9)}}, \sqrt{\dfrac{9S^2}{\chi^2_{0.975}(9)}} \right) ，$$

查表有 $\chi^2_{0.975}(9) = 2.7$ ， $\chi^2_{0.025}(9) = 19.023$ ，故 σ 的置信区间为

$$\left(\dfrac{3s}{\sqrt{19.023}}, \dfrac{3s}{\sqrt{2.7}} \right) = \left(\dfrac{3 \times 20}{4.36}, \dfrac{3 \times 20}{1.64} \right) = \left(13.76, 36.59 \right) 。$$

【类题】 已知钢材的屈服点 X (t/cm^2) 近似服从正态分布，现从一批钢材中抽取 20 个样

品，测得其样本均值为 $5.21\,(\text{t/cm}^2)$，样本标准差为 $0.22\,(\text{t/cm}^2)$，设置信度为 0.95，求① 屈服点总体均值 μ 的区间估计；② 屈服点总体标准差 σ 的区间估计。

答案：①（5.107，5.313）；②（0.167，0.321）。

【例 25】正常人的脉搏平均为 72 次/分，某医生测得 10 例慢性中毒者的脉搏为（单位：次/分）：

$$56，67，64，75，72，66，74，69，67，73，$$

设中毒者的脉搏服从正态分布，问中毒者和正常人的脉搏有无显著性差异？（取 $\alpha = 0.05$）

解： 设中毒者的脉搏为 X，且 $X \sim N(\mu, \sigma^2)$，依题意，

提出假设：$H_0 : \mu = 72$，$H_1 : \mu \neq 72$，

由于题中没有说 σ 已知，因此把 σ 当作未知的。因为 $n = 10$，所以当 H_0 为真时，有

$$T = \frac{\overline{X} - 72}{S / \sqrt{10}} \sim t(9)，$$

由 $P\left\{ \left| \dfrac{\overline{X} - 72}{\dfrac{S}{\sqrt{10}}} \right| \geqslant t_{0.025}(9) \right\} \leqslant 0.05$，得拒绝域为 $|T| \geqslant t_{0.025}(9) = 2.2622$，

由样本值得到样本均值 $\overline{x} = 68.3$，样本均方差 $s = \sqrt{s^2} = 5.697$，于是

$$|t| = \left| \frac{\overline{x} - 72}{\dfrac{s}{\sqrt{10}}} \right| = \left| \frac{68.3 - 72}{\dfrac{5.697}{\sqrt{10}}} \right| = \frac{3.7}{1.802} = 2.0533 \leqslant 2.2622，$$

没有落入拒绝域，即不能拒绝 H_0，从而只能接受 H_0，即认为中毒者和正常人的脉搏没有显著性差异。

注： 若取 $\alpha = 0.1$，则拒绝域为 $t_{0.05}(9) = 1.8331$，此时样本值 $|t| = 2.0533 \geqslant 1.8331$，落入拒绝域，从而拒绝 H_0，接受 H_1，即认为中毒者和正常人的脉搏有显著性差异。

【例 26】由经验之某产品重量 $X \sim N(15, 0.05)$，技术革新后，改用新机器包装，抽查 8 个样品，测得平均重量（单位：kg）为 $\overline{x} = 14.95$，若已知方差仍为 0.05，问新机器的包装的平均重量是否仍为 15kg（取 $\alpha = 0.05$）。

解： 根据题意设 $X \sim N(\mu, 0.05)$，由题意

提出假设 $H_0 : \mu = 15$，$H_1 : \mu \neq 15$，

当 H_0 为真时 $U = \dfrac{\overline{X} - 15}{\dfrac{\sqrt{0.05}}{\sqrt{8}}} \sim N(0, 1)$，由 $P\left\{ \left| \dfrac{\overline{X} - 15}{\dfrac{\sqrt{0.05}}{\sqrt{8}}} \right| \geqslant u_{0.025} \right\} \leqslant 0.025$，得拒绝域为

$$|U| \geqslant u_{0.025} = 1.96，$$

由样本均值 $\overline{x} = 14.95$ ，得样本值 $|u| = \left| \dfrac{14.95 - 15}{\dfrac{\sqrt{0.05}}{\sqrt{8}}} \right| = \dfrac{0.05}{0.08} = 0.625 < 1.96$ ，

未落入拒绝域，不能拒绝 H_0 ，从而只能接受 H_0 ，即认为新机器的包装的平均重量仍为 15 。

【类题】某厂生产的电阻，根据以往的经验，可以认为电阻值服从正态分布 $N(\mu, \sigma^2)$ ，现抽取该厂生产的电阻 10 个，测得它们的电阻值为（单位：Ω）

9.9，10.1，10.2，9.7，9.9，9.9，10，10.5，10.1，10.2，

问能否认为该厂生产的电阻的平均值为 10Ω? 分别就① $\sigma = 0.01$;② σ 未知两种情况进行讨论，取 $\alpha = 0.05$ 。

答案：① 认为该厂的电阻的平均值不是 10 Ω；② 认为该厂的电阻的平均值是 10 Ω。

【例 27】一细纱车间纺织某种细纱支数标准差 $\sigma = 1.2$ ，从某日纺出的一批细纱中，随机抽取 16 缕进行支数测量，算得样本标准差 $s = 2.1$ ，问细纱的方差有无显著变化（ $\alpha = 0.05$ ）。假设总体 $X \sim N(\mu, \sigma^2)$ 。

解：依题意，提出假设 $H_0 : \sigma^2 = 1.2^2$ ， $H_1 : \sigma^2 \neq 1.2^2$ ，又 $n = 16$ ，故当 H_0 为真时，有

$$\frac{15S^2}{\sigma^2} \sim \chi^2(15) ,$$

得 $P\left\{ \dfrac{15S^2}{\sigma^2} \leqslant \chi^2_{0.975}(15) \text{或} \dfrac{15S^2}{\sigma^2} \geqslant \chi^2_{0.025}(15) \right\} \leqslant 0.05$ ，于是 σ^2 的拒绝域为

$$\chi^2 \leqslant \chi^2_{0.975}(15) = 6.262 \text{或} \chi^2 \geqslant \chi^2_{0.025}(15) = 27.488 ,$$

由样本得 $\chi^2 = \dfrac{15 \times 2.1^2}{1.2^2} = 45.9375 > 27.488$ ，落入了拒绝域，从而拒绝 H_0 ，接受 H_1 。

【类题】测定某种水溶液中的水分，由它的 10 个测定值算出： $\overline{x} = 0.452\%$ ， $s = 0.037\%$ 。设测定值总体服从正态分布。试在 $\alpha = 0.05$ 下，分别检验假设：

① $H_0 : \mu = 0.5\%$;② $H_0 : \sigma = 0.04\%$ 。

答案：① 拒绝 $H_0 : \mu = 0.5\%$;② 接受 $H_0 : \sigma = 0.04\%$ 。

【基础知识试题】

一、填空题

1. 设 A, B 为两个事件， $P(A) = 0.4$ ， $P(A \cup B) = 0.7$ ，若 A, B 互不相容，则 $P(B) = $ _____；若 A, B 相互独立，则 $P(B) = $ _____ 。

2. 设 $A = $ "甲厂赢利"， $B = $ "乙厂亏损"，则"甲、乙两厂都亏损"可以表示为事件_____。

3. 已知随机变量 X 的分布律为： $P\{X = 0\} = 0.4$ ， $P\{X = 1\} = 0.6$ ，则 $D(X) = $ _____ 。

4. 已知随机变量 $X \sim U(1, 6)$ ，则 $P\{2 \leqslant X \leqslant 4\} = $ _____ ， $E(X) = $ _____ 。

5. 设一批产品中有 50 件正品，3 件次品，从中不放回地抽取两次，每次取一件产品，则在第一次抽取到正品的条件下第二次抽取到次品的概率为_____。

6. 已知随机变量 X 的概率密度为 $f(x) = \dfrac{1}{2\sqrt{\pi}}e^{-\frac{(x-3)^2}{4}}$，则 $P\{X > 3\} = $ _____。

7. 设某次考试成绩服从正态分布，从中抽取 30 名考生的成绩，算得平均分为 71.5 分，标准差为 12 分，设显著性水平为 α，若要判断这次考试全体考生的平均成绩为 78 分，则此问题的原假设为 _____，选用 _____ 检验法进行检验。

二、选择题

1. 设 A, B 互不相容，则下列说法正确的是（ ）。

A. $P(AB) = P(A)P(B)$
B. $\overline{AB} = (A \cup \overline{A})B$

C. $A \cup B = \Omega$
D. $P(A) + P(B) = 1$

2. 甲、乙两人同时向敌机射击，已知甲击中的概率为 0.7，乙击中的概率为 0.5，则击中敌机的概率为（ ）。

A. 0.75 B. 0.85 C. 0.9 D. 0.95

3. 某类灯泡使用时数在 500h 以上的概率为 0.5，现从中任取 3 个灯泡使用，在使用 500h 以上还有一个灯泡是好的概率为（ ）。

A. 0.125 B. 0.25 C. 0.375 D. 0.5

4. 已知 X 的分布律为

X	-2	0	1	2
p	0.2	0.1	0.3	0.4

则下列说法错误的是（ ）。

A. $P\{X < 1\} = 0.3$
B. $P\{X > 2\} = 0$

C. $E(X) = 0.7$
D. $E(X^2) = 0.89$

5. 设随机变量 $X \sim B(100, 0.1)$，则 X 的标准差为（ ）。

A. 9 B. 10 C. 3 D. 100

6. 设总体 $X \sim N(\mu, \sigma^2)$，其中，μ 已知，σ^2 未知，X_1, X_2, X_3 是从总体中抽取的样本，则下列表达式中不是统计量的是（ ）。

A. $X_1 + X_2 + X_3$
B. $\sum\limits_{i=1}^{3} \dfrac{X_i^2}{\sigma^2}$

C. $X_1^2 + X_2^2 + X_3^2$
D. $X_1 + 2\mu$

7. 设总体 $X \sim N(2, 16)$，$\overline{X}$ 是样本 $X_1, X_2, \cdots, X_{16}$ 的样本均值，则下列结论正确的是（ ）。

A. $\dfrac{\overline{X} - 2}{4} \sim N(0, 1)$
B. $\dfrac{\overline{X} - 2}{16} \sim N(0, 1)$

C. $\overline{X} - 2 \sim N(0, 1)$
D. $\dfrac{\overline{X} - 2}{2} \sim N(0, 1)$

8. 设总体 $X \sim N(2, 16)$，其中，σ^2 已知，当置信度 $1 - \alpha$ 保持不变时，若样本容量 n 增大，则 μ 的置信区间（ ）。

A. 长度增加
B. 长度不变

C. 长度减小
D. 长度是否变化不能确定

三、解答下列各题

1. 随机从一批钉子中抽取 5 个，测得长度（单位：cm）分别为

$$2.19, \ 2.13, \ 2.16, \ 2.12, \ 2.10,$$

计算样本均值 $\bar{x}$ 和样本方差 s^2。

2. 设随机变量 X 的概率密度为

$$f(x) = \begin{cases} ax^2, & 0 < x < 1 \\ 0, & \text{其他} \end{cases},$$

求（1）常数 a；（2）$E(X)$；（3）$D(X)$；（4）独立地取出 3 个值中恰有两个小于 1/2 的概率。

3. 设一台设备由两大部件构成，在运转过程中两部件需要调整的概率分别为 0.1，0.2，假设两部件的状态是相互独立的，以 X 表示同时需要调整的部件数，试求

（1）恰有一个部件需要调整的概率；（2）X 的分布律；（3）$D(X)$。

4. 在总体 $N(52, 6.3^2)$ 中随机抽取一容量为 36 的样本，求样本均值落在 50.8 和 53.8 之间的概率。

5. 设零件直径 $X \sim N(\mu, \sigma^2)$，现从一批零件中抽取 9 个，测得它们的平均直径为 $\bar{x} = 20.01 (\text{mm})$，若已知 $\sigma = 0.21 (\text{mm})$，求这批零件直径均值 μ 的置信度为 0.95 的置信区间。

6. 某厂生产的发动机部件的直径服从正态分布，现抽取 5 个部件，测得它们的平均直径为 1.39，样本标准差为 0.04，取 $\alpha = 0.05$，问

（1）能否认为发动机部件的直径的均值为 1.4；

（2）能否认为发动机部件的直径的标准差为 0.048cm?

【基础知识试题答案】

一、填空题

1. 0.3，0.5；2. $\overline{AB}$；3. 0.24；4. $\dfrac{2}{5}$，$\dfrac{7}{2}$；5. $\dfrac{3}{52}$；6. 0.5；7. $H_0 : \mu = 78$，T。

二、选择题

1. B；2. B；3. C；4. D；5. C；6. B；7. C；8. C。

三、解答下列各题

1. $\bar{x} = 2.14$，$s^2 = 0.00125$。

2. （1）3；（2）$\dfrac{3}{4}$；（3）$\dfrac{3}{80}$；（4）$\dfrac{21}{8^3}$。

3. （1）$P\{X = 1\} = 0.26$；（2）

X	0	1	2
P	0.72	0.26	0.02

；（3）0.25。

4. 0.8293。

5. （19.8728，20.1472）。

6. （1）认为发动机部件的直径为 1.4；（2）认为发动机部件的直径的标准差为 0.048cm。

【能力提高试题】

一、填空题

1. 设 $P(A) = P(B) = 0.4$ ，且 A, B 相互独立，则 $P(A \mid A \cup B) = $ _____ 。

2. 设 $P(A) = 0.4$ ， $P(B) = 0.6$ ， $P(A \cup B) = 0.7$ ，则 $P(\overline{A}B) = $ _____ 。

3. 设随机变量 X 的概率密度为 $f(x) = \frac{1}{2\sqrt{\pi}} e^{-\frac{(x-3)^2}{4}}$ $(-\infty < x < +\infty)$ ，则 $D(X) = $ _____ 。

4. 设随机变量 $X \sim N(2, \sigma^2)$ ，且 $P\{2 < X < 4\} = 0.3$ ，则 $P\{X < 0\} = $ _____ 。

5. 设随机变量 $X \sim U(a, b)$ ，且 $P\{a+1 < X < b-1\} = \frac{1}{2}$ ， $E(X) = 3$ ，则 $a = $ _____ 。

6. 设总体 $X \sim N(\mu, \sigma^2)$ ，其中 σ^2 已知， $X_1, X_2, \cdots, X_{16}$ 为总体的样本，若样本均值 μ 的置信区间缩短，则置信度 $1-\alpha$ _____ （变大、缩小）。

二、选择题

1. 某人射击，中靶的概率为 $\frac{3}{4}$ ，如果射击直到中靶为止，则射击次数为 3 的概率是（　　）。

A. $\left(\frac{3}{4}\right)^3$　　　B. $\left(\frac{1}{4}\right)^3$　　　C. $\left(\frac{3}{4}\right)^2 \frac{1}{4}$　　　D. $\left(\frac{1}{4}\right)^2 \frac{3}{4}$

2. 某学生做电子试验，成功的概率为 $p(0 < p < 1)$ ，则在 3 次重复试验中至少失败 1 次的概率为（　　）。

A. p^3

B. $1 - p^3$

C. $(1-p)^3$

D. $(1-p)^3 + (1-p)^2 p + (1-p) p^2$

3. 设随机变量 $X \sim B(n, p)$ ，且 $E(X) = 2.4$ ， $D(X) = 1.44$ ，则（　　）。

A. $n = 4, p = 0.6$　　　　　　B. $n = 6, p = 0.4$

C. $n = 8, p = 0.3$　　　　　　D. $n = 24, p = 0.1$

4. 设总体 $X \sim N(0, 1)$ ， $X_1, X_2, \cdots, X_{16}$ 是 X 的样本， $\overline{X} = \frac{1}{16} \sum_{i=1}^{16} X_i$ ， $S^2 = \frac{1}{15} \sum_{i=1}^{16} \left(X_i - \overline{X}\right)^2$ 则服从自由度为15的 χ^2 的随机变量是（　　）。

A. S^2　　　B. $\sum_{i=1}^{16} X_i^2$　　　C. $15 \overline{X}^2$　　　D. $15 S^2$

5. 对正态总体的数学期望进行假设检验，如果在显著性水平 $\alpha = 0.05$ 下，接受假设 $H_0 : \mu = \mu_0$ ，则在显著性水平 $\alpha = 0.01$ 下，下列结论中正确的是（　　）。

A. 必接受 H_0　　　　　　B. 可能接受，也可能拒绝 H_0

C. 必拒绝 H_0　　　　　　D. 不接受，也不拒绝 H_0

6. 设总体 $X \sim N(\mu, \sigma^2)$ ，其中 σ^2 已知，若总体均值 μ 的置信区间长度 l 不变，则样本容量 n 和置信度 $1-\alpha$ 之间的关系为（　　）。

A. 当 n 增大时， $1-\alpha$ 变大　　　　B. 当 n 增大时， $1-\alpha$ 变小

C. 当 n 增大时， $1-\alpha$ 不变　　　　D. 以上说法都不对

三、解答下列各题

1. 现有 10 张奖券，其中 2 元奖券有 8 张，5 元奖券有 2 张，某人从中任意抽取 3 张奖

券，用 X 表示所抽取的 3 张奖券金额总数，（1）写出 X 的所有可能取的值；（2）求 X 的分布律；（3）求此人得奖金额的期望，并解释这个值。

2. 设随机变量 X 的概率密度为 $f(x)=\begin{cases} ax^2+b, & 0<x<1 \\ 0, & \text{其他} \end{cases}$，且 $E(X)=\dfrac{2}{3}$，求（1）常数 a,b；

（2）$P\{0<X<\dfrac{1}{2}\}$；（3）$D(X)$。

3. 设 $X\sim N(60,3^2)$，求分点 x_1，x_2，使 X 分别落在 $(-\infty,x_1)$，(x_1,x_2)，$(x_2,+\infty)$ 的概率之比为 $3:4:5$。[$\varPhi(0.21)=0.5832$，$\varPhi(0.675)=0.75$]

4. 设总体 $X\sim N(\mu,0.3^2)$，$X_1,X_2,\cdots,X_n$ 是来自总体的样本，$\overline{X}$ 为样本均值，

（1）若 $n=9$，求 $P\{|\overline{X}-\mu|<0.1\}$；

（2）若使 $P\{|\overline{X}-\mu|<0.1\}\geqslant 0.95$，试求样本容量 n 至少取多大？

5. 设总体 $X\sim N(\mu,\sigma^2)$，从中取一个样本，数据如下：12，8，14，10，12，8，12，11，12，求（1）总体均值 μ 的置信区间；（2）σ^2 的置信区间（置信度均为 0.95）。

6. 设某市犯罪的青少年的年龄构成服从正态分布，今随机地抽取 9 名犯罪，其平均年龄为 21 岁，样本标准差为 3.5，试以 95% 的概率判断犯罪青少年的年龄是否为 18 岁？

【能力提高试题答案】

一、填空题

1. $\dfrac{5}{8}$；2. 0.3；3. 2；4. 0.2；5. 1；6. 变小。

二、选择题

1. D；2. B；3. B；4. D；5. A；6. A。

三、解答下列各题

1. （1）6 元，9 元，12 元；（2）

X	6	9	12
P	$\dfrac{7}{15}$	$\dfrac{7}{15}$	$\dfrac{1}{15}$

；（3）7.8 元。

2. （1）$a=2,b=\dfrac{1}{3}$；（2）$\dfrac{1}{4}$；（3）$\dfrac{1}{15}$。

3. $x_1=57.975$，$x_2=60.63$。

4. （1）0.6826；（2）35。

5. （1）（9.46，12.54）；（2）（1.825，14.679）。

6. 不能判断犯罪青少年的年龄为 18 岁。

第7章 数理逻辑初步

【基本知识导学】

数理逻辑是一门用数学方法研究推理过程的科学，逻辑学主要是研究各种论证，它可以是有意义的一般论证，也可以是科学理论中的数学证明或结论。数理逻辑包括命题逻辑和谓词逻辑，命题逻辑是数理逻辑的基本组成部分，是谓词逻辑的基础。

一、命题推理

1. 命题

（1）定义：具有真假意义的陈述句。

① 是陈述性语句，而不能是疑问句、命令句、感叹句等；

② 语句或真或假，二者必取一；

③ T和F分别表示"真的"和"假的"，统称为真值，有时也用1和0分别表示它们。

（2）相关概念：

① 原子命题：不能分解成更简单的陈述句的命题。

② 复合命题：多个原子命题由联结词和圆括号联结起来构成的命题（复合命题的真假值只与原子命题的真假值有关）。

③ 命题常量：已知真假值的命题。

④ 命题变元：真假值未知的命题。

（3）命题的表示（命题的符号化）：用大写的英文字母或小写的英文字母表示命题。

2. 联结词

在命题逻辑中有以下几种基本的联结词。

（1）否定联结词（¬），其定义可用如下真值表（见表7-1）表示。

表7-1

p	$\neg p$
1	0
0	1

（2）合取联结词（∧），其定义可用如下真值表（见表7-2）表示。

表7-2

p	q	$p \wedge q$
0	0	0
0	1	0
1	0	0
1	1	1

（3）析取联结词（∨），其定义可用如下真值表（见表7-3）表示。

表 7-3

p	q	$p \vee q$
0	0	0
0	1	1
1	0	1
1	1	1

（4）条件联结词（ → ），其定义可用如下真值表（见表 7-4）表示。

表 7-4

p	q	$p \to q$
0	0	1
0	1	1
1	0	0
1	1	1

（5）双条件联结词（ ↔ ），其定义可用如下真值表（见表 7-5）表示。

表 7-5

p	q	$p \leftrightarrow q$
0	0	1
0	1	0
1	0	0
1	1	1

注意：上述联结词在运算中的优先级由高到低为：

¬ ， ∨ ， ∧ ， → ， ↔ 但使用括号（ ）可以改变运算顺序。

3．命题公式

（1）命题公式：命题符号化的结果常以命题公式的形式呈现出来，由命题变元、联结词、括号等按照一定的逻辑关系联结起来的符号串称为命题公式。

（2）命题公式根据其取值可分为三类：

永真式（重言式）：无论命题变元的取值如何，公式的值均为真。

永假式（矛盾式，不可满足的）：无论命题变元的取值如何，公式的值均为假。

可满足的命题公式：随命题变元的取值变化，公式的值可能为真，也可能为假。

（3）真值表：对命题变元的每一种可能的真值指派，与由它们决定出命题公式的真值所列成的表，称为命题公式的真值表。

4．命题推理

（1）基于真值表的推理

定义：给定两个命题 A 和 B，A → B 是一个永真式当且仅当 B 是 A 的有效结论，或 B 在逻辑上是由 A 推导出来的，记为 A⇒B。

真值表法在前提数目多时就比较繁琐，需要采用别的方法：基于推理规则的方法（或称构造证明法）。

（2）基于规则的推理

命题演算中使用的几个推理规则：

① 前提引入规则：在证明的任何步骤上，都可以引入前提；

② 结论引入规则：在证明的任何步骤上，已经得到结论都可作为后续证明的前提；

③ 置换规则：在证明的任何步骤上，公式中的任何子公式都可以用与之等价的公式置换。

在使用基于规则的方法进行推理时，需要利用永真蕴含式和等价式。以下列出了一些常用的蕴含式和等价式。

（3）蕴含式

设 A、B、C 是公式，则下述蕴含公式成立（见表 7-6）。

表 7-6

化简式	$A \wedge B \Rightarrow A$
	$A \wedge B \Rightarrow B$
附加式	$A \Rightarrow A \vee B$
变形附加式	$\neg A \Rightarrow A \rightarrow B$
	$B \Rightarrow A \rightarrow B$
	$\neg(A \rightarrow B) \Rightarrow A$
	$\neg(A \rightarrow B) \Rightarrow \neg B$
假言推论	$A \wedge (A \rightarrow B) \Rightarrow B$
拒取式	$\neg B \wedge (A \rightarrow B) \Rightarrow \neg A$
析取三段论	$\neg A \wedge (A \vee B) \Rightarrow B$
条件三段论	$(A \rightarrow B) \wedge (B \rightarrow C) \Rightarrow A \rightarrow C$
双条件三段论	$(A \leftrightarrow B) \wedge (B \leftrightarrow C) \Rightarrow A \leftrightarrow C$
合取构造二难	$(A \rightarrow B) \wedge (C \rightarrow D) \wedge (A \wedge C) \Rightarrow B \wedge D$
析取构造二难	$(A \rightarrow B) \wedge (C \rightarrow D) \wedge (A \vee C) \Rightarrow B \vee D$
前后件附加	$A \rightarrow B \Rightarrow (A \vee C) \rightarrow (B \vee C)$
	$A \rightarrow B \Rightarrow (A \wedge C) \rightarrow (B \wedge C)$

（4）等价式

设 A、B、C 是公式，则下述等价公式成立（见表 7-7）。

表 7-7

双重否定律	$\neg\neg A \Leftrightarrow A$
等幂律	$A \wedge A \Leftrightarrow A$
	$A \vee A \Leftrightarrow A$
交换律	$A \wedge B \Leftrightarrow B \wedge A$
	$A \vee B \Leftrightarrow B \vee A$
结合律	$(A \wedge B) \wedge C \Leftrightarrow A \wedge (B \wedge C)$
	$(A \vee B) \vee C \Leftrightarrow A \vee (B \vee C)$

续表

分配律	$(A \wedge B) \vee C \Leftrightarrow (A \vee C) \wedge (B \vee C)$
	$(A \vee B) \wedge C \Leftrightarrow (A \wedge C) \vee (B \wedge C)$
德·摩根律	$\neg(A \vee B) \Leftrightarrow \neg A \wedge \neg B$
	$\neg(A \wedge B) \Leftrightarrow \neg A \vee \neg B$
吸收律	$A \vee (A \wedge B) \Leftrightarrow A$
	$A \wedge (A \vee B) \Leftrightarrow A$
零一律	$A \vee 1 \Leftrightarrow 1$
	$A \wedge 0 \Leftrightarrow 0$
同一律	$A \vee 0 \Leftrightarrow A$
	$A \wedge 1 \Leftrightarrow A$
排中律	$A \vee \neg A \Leftrightarrow 1$
矛盾律	$A \wedge \neg A \Leftrightarrow 0$
蕴涵等价式	$A \rightarrow B \Leftrightarrow \neg A \vee B$
假言易位	$A \rightarrow B \Leftrightarrow \neg B \rightarrow \neg A$
等价等值	$A \leftrightarrow B \Leftrightarrow (A \rightarrow B) \wedge (B \rightarrow A)$
等价否定等值式	$A \leftrightarrow B \Leftrightarrow \neg A \leftrightarrow \neg B \Leftrightarrow \neg B \leftrightarrow \neg A$
归谬式	$(A \rightarrow B) \wedge (A \rightarrow \neg B) \Leftrightarrow \neg A$

二、谓词逻辑

1．个体
（1）定义：命题讨论的对象，可以独立存在的，称为个体。
（2）相关概念
① 具体或特定的个体称为个体常项，一般用小写字母 a，b，…表示；
② 抽象或泛指的个体称为个体变项，一般用小写字母 x，y，…表示；
③ 个体变项的取值范围称为个体域；
④ 一切事物组成的个体域称为全总个体域。

2．谓词
指明了个体性质与个体之间的关系，称为谓词，谓词中所包含的个体个数称为该谓词的元数。谓词一般用大写字母 A，B，P，Q 等表示。

3．量词
在谓词逻辑中，表示数量的词称为量词，分为全称量词和存在量词两种。
全称量词表示个体域中的全体，用符号 $\forall$ 表示。$\forall x$ 表示"对一切的 x"、"对所有的 x"、"对任意的 x"、"对每一个 x"，$\forall x F(x)$ 表示个体域中所有个体都具有性质 F。
存在量词表示个体域中的部分个体（至少一个），用符号 $\exists$ 表示。$\exists x$ 表示"对某一个 x"、"对某些 x"、"至少有一个 x"、"存在某一个 x"，$\exists x F(x)$ 表示个体域中有的个体具有性质 F。

4．谓词公式

（1）定义：有限次地应用下述规则的符号串是谓词公式。

① 原子公式称为谓词公式；

② 如果 A 是谓词公式，则 $\neg A$ 也是谓词公式；

③ 如果 A、B 是谓词公式，则 $A \wedge B$、$A \vee B$、$A \to B$、$A \leftrightarrow B$ 也是谓词公式；

④ 如果 A、B 是谓词公式，则 $\forall x A$、$\exists x A$ 也是谓词公式。

（2）命题符号化的步骤：

① 正确理解给定的命题，弄清楚每个原子命题之间的关系；

② 分析出每个原子命题的个体、谓词和量词；

③ 选择恰当的量词（注意全称量词 $\forall x$ 后接条件式，存在量词 $\exists x$ 后接合取式）；

④ 选择恰当的联结词，写出谓词公式。

5．谓词演算的推理理论

谓词逻辑是建立在命题逻辑基础上的，因此命题逻辑中的推理定律和规则在谓词逻辑的推理中全部适用。下面介绍只适用于谓词逻辑推理的 4 条规则。

（1）全称指定规则（US 规则）：（1）$\forall x F(x) \Rightarrow F(a)$；（2）$\forall x F(x) \Rightarrow F(y)$。

（2）存在指定规则（ES 规则）：$\exists x F(x) \Rightarrow F(a)$。

（3）全称推广规则（UG 规则）：$F(y) \Rightarrow \forall x F(x)$。

（4）存在推广规则（EG 规则）：$F(a) \Rightarrow \exists x F(x)$。

【例题解析】

【例1】判断下列句子是否为命题。

① 12 是偶数。　　　　② 煤是白色的。

③ $3+6=9$。　　　　④ 其他星球上都有生命。

⑤ 如果我有时间，那么我去书店。　　⑥ 张三和李四是三好学生。

⑦ 今天你放假吗？　　⑧ $x+y=7$。

⑨ 我在说谎。　　　　⑩ 请勿喧哗！

解：①～⑥是命题，因为他们都是具有真假意义的陈述句。其中：①、③是真命题；②是假命题；④在目前可能无法确定真值，但就本质而言，其具有真假值，因此也是命题；⑤和⑥是复合命题。

⑦～⑩都不是命题：⑦是疑问句；⑧中 x、y 均为变量，无法判断真假；⑨是无法判断真假的悖论；⑩是祈使句。

注意：一个句子满足下列两个条件，就是一个命题：

① 该句子是判断性陈述语句；

② 它有确定的真值，即非真即假。

【类题】判断下列句子是否为命题。

① 3 是素数。　　　　② $5x+8>0$。

③ 9 能被 2 整除。　　④ 6 是偶数并且 11 是奇数。

⑤ 请保持安静！　　　⑥ 明天刮大风。

⑦ 公元 3000 年，人类将移居火星。　　⑧ 如果小明高考不成功，他将去学汽修。

⑨ 你今天下午有空吗？　　　　　　⑩ 所有颜色都能用红、绿、蓝三色调配而成。

答案：②、⑤、⑨不是命题，其他的都是命题。

【例2】对下列命题进行符号化。

① 我今天进城，除非下雨。

② 仅当你走，我将留下。

③ 张三和李四都可以做这件事。

④ 如果上午不下雨，我去看电影，否则就在家里读书或看报。

⑤ 上海到北京的 T14 次列车是下午五点半或六点开。

解：① 设 p：我今天进城；q：今天下雨，则命题符号化为 $\neg q \to p$。

② 设 p：你走；q：我留下，则命题符号化为 $q \to p$。

③ 设 p：张三可以做这件事；q：李四可以做这件事，则命题符号化为 $p \wedge q$。

④ 设 p：上午下雨；q：我去看电影；r：我在家里读书；s：我在家里看报，则命题符号化为 $(\neg p \to q) \wedge (p \to (r \vee s))$。

⑤ 设 p：上海到北京的 T14 次列车是下午五点半开；q：上海到北京的 T14 次列车是下午六点开，T14 次列车只能有一个开车时间，则命题符号化为 $(\neg p \wedge q) \vee (p \wedge \neg q)$。

【例3】求下列公式的真值表

① $(\neg p \vee q) \leftrightarrow (p \to q)$；

② $(p \to q) \wedge \neg r$。

解：① 见表 7-8。

表 7-8

p	q	$\neg p$	$\neg p \vee q$	$p \to q$	$(\neg p \vee q) \leftrightarrow (p \to q)$
0	0	1	1	1	1
0	1	1	1	1	1
1	0	0	0	0	1
1	1	0	1	1	1

② 见表 7-9。

表 7-9

p	q	r	$p \to q$	$\neg r$	$(p \to q) \wedge \neg r$
0	0	0	1	1	1
0	0	1	1	0	0
0	1	0	1	1	1
0	1	1	1	0	0
1	0	0	0	1	0
1	0	1	0	0	0
1	1	0	1	1	1
1	1	1	1	0	0

【类题】求下列公式的真值表。

① $\neg(p \to q) \land q$；

② $(p \lor r) \to (p \to q)$；

③ $(p \lor \neg r) \land q$。

答案：① $\neg(p \to q) \land q$（见表 7-10）。

表 7-10

p	q	$p \to q$	$\neg(p \to q)$	$\neg(p \to q) \land q$
0	0	1	0	0
0	1	1	0	0
1	0	0	1	0
1	1	1	0	0

② $(p \lor r) \to (p \to q)$（见表 7-11）。

表 7-11

p	q	r	$p \lor r$	$p \to q$	$(p \lor r) \to (p \to q)$
0	0	0	0	1	1
0	0	1	1	1	1
0	1	0	0	1	1
0	1	1	1	1	1
1	0	0	1	0	0
1	0	1	1	0	0
1	1	0	1	1	1
1	1	1	1	1	1

③ $(p \lor \neg r) \land q$（见表 7-12）。

表 7-12

p	q	r	$\neg r$	$p \lor \neg r$	$(p \lor \neg r) \land q$
0	0	0	1	1	0
0	0	1	0	0	0
0	1	0	1	1	1
0	1	1	0	0	0
1	0	0	1	1	0
1	0	1	0	1	0
1	1	0	1	1	1
1	1	1	0	1	1

【例 4】用等值演算证明 $p \rightarrow (q \rightarrow p) \Leftrightarrow \neg p \rightarrow (p \rightarrow \neg q)$。

证明：$\neg p \rightarrow (p \rightarrow \neg q) \Leftrightarrow \neg p \rightarrow (\neg p \vee \neg q)$

$\Leftrightarrow p \vee (\neg p \vee \neg q)$

$\Leftrightarrow \neg p \vee (\neg q \vee p)$

$\Leftrightarrow \neg p \vee (q \rightarrow p)$

$\Leftrightarrow p \rightarrow (q \rightarrow p)$。

【类题】用等值演算证明 $p \rightarrow (q \vee r) \Leftrightarrow (p \wedge \neg q) \rightarrow r$。

证明：$p \rightarrow (q \vee r) \Leftrightarrow \neg p \vee (q \vee r)$

$\Leftrightarrow (\neg p \vee q) \vee r$

$\Leftrightarrow \neg (p \wedge \neg q) \vee r$

$\Leftrightarrow (p \wedge \neg q) \rightarrow r$。

【例 5】构造下列推理的证明。

前提：$\neg (p \wedge \neg q)$，$\neg q \vee r$，$\neg r$

结论：$\neg p$

证明：

① $\neg q \vee r$	前提引入
② $\neg r$	前提引入
③ $\neg q$	①、②析取三段论
④ $\neg (p \wedge \neg q)$	前提引入
⑤ $\neg p \vee q$	置换
⑥ $p \rightarrow q$	置换
⑦ $\neg p$	③、⑥拒取式。

【例 6】写出下列推理的形式结构，并证明。

如果天气炎热，小梅就去游泳。天气真的很热，小梅去游泳了。

解：设 p：天气炎热；q：小梅去游泳

前提：$p \rightarrow q$，p

结论：q

推理的形式结构为：$(p \rightarrow q) \wedge p \rightarrow q$

证明：

① $p \rightarrow q$	前提引入
② $\neg p \vee q$	置换
③ p	前提引入
④ q	②、③析取三段论。

【例 7】将下列命题在谓词逻辑中符号化。

① 只有 2 是素数，4 才是素数；

② 如果 2 小于 3，则 8 小于 7；

③ 没有人登上过月球；

④ 所有人的头发未必都是黑色的。

解：① 设 $G(x)$：x 是素数

则符号化为 $G(2) \rightarrow G(4)$。

② $P(x, y)$：x 小于 y

则符号化为 $P(2, 3) \rightarrow P(8, 7)$。

③ 设 $F(x)$：x 登上过月球，$G(x)$：x 是人，

则符号化为：$\neg \exists x(F(x) \wedge G(x))$。

④ 设 $F(x)$：x 的头发是黑色的，$G(x)$：x 是人，

则符号化为：$\neg \forall x(G(x) \rightarrow F(x))$。

【类题】写出下列句子所对应的谓词表达式。

① 所有整数都是实数；

② 某些运动员是大学生；

③ 某些教师是年老的，但是健壮的；

④ 不是所有的运动员都是教练；

⑤ 没有一个国家选手不是优秀的；

⑥ 有些女同志既是大学指导员又是学生。

答案：

① 设 $F(x)$：x 是整数，$G(x)$：x 是实数，

则符号化为：$\forall x(F(x) \rightarrow G(x))$。

② 设 $F(x)$：x 是运动员，$G(x)$：x 是大学生，

则符号化为：$\exists x(F(x) \wedge G(x))$。

③ 设 $F(x)$：x 是教师，$G(x)$：x 是年老的，$H(x)$：x 是健壮的，

则符号化为：$\exists x(F(x) \wedge G(x) \wedge H(x))$。

④ 设 $F(x)$：x 是运动员，$G(x)$：x 是教练，

则符号化为：$\neg \forall x(F(x) \rightarrow G(x))$。

⑤ 设 $F(x)$：x 是国家选手，$G(x)$：x 是优秀的，

则符号化为：$\neg \exists x(F(x) \wedge \neg G(x))$。

⑥ 设 $F(x)$：x 是女同志，$G(x)$：x 是大学指导员，$H(x)$：x 是学生，

则符号化为：$\exists x(F(x) \wedge G(x) \wedge H(x))$。

【例8】令 $P(x)$：x 是质数，$E(x)$：x 是偶数，$O(x)$：x 是奇数，$D(x, y)$：x 能整除 y。

将下列各式译成汉语：

① $P(5)$

② $E(2) \wedge P(2)$

③ $\forall x(D(x, 2) \rightarrow E(x))$

④ $\exists x(E(x) \wedge D(x, 6))$

⑤ $\forall x(\neg E(x) \rightarrow \neg D(x, 2))$

⑥ $\forall x(E(x) \rightarrow \forall y(D(x, y) \rightarrow E(y)))$

⑦ $\forall x(P(x) \rightarrow \exists y(D(x, y) \wedge E(y)))$

⑧ $\forall x(O(x) \rightarrow \forall y(P(y) \rightarrow \neg D(x, y)))$

解： ① 5 是质数；

② 2 既是质数也是偶数；

③ 能被 2 整除的数是偶数；

④ 有的偶数能整除 6；

⑤ 不是偶数就不能被 2 整除；

⑥ 对所有 x，若 x 是偶数，且 x 能整除 y，则 y 是偶数；

⑦ 所有的质数都能整除某些偶数；

⑧ 任何奇数不能整除任何质数。

【例 9】用推理规则证明下式。

$$\exists x\big(F(x) \wedge S(x)\big) \to \forall y\big(M(y) \to W(y)\big)，\quad \exists y\big(M(y) \wedge \neg W(y)\big) \Rightarrow \forall x\big(F(x) \to \neg S(x)\big)$$

证明：

① $\exists y\big(M(y) \wedge \neg W(y)\big)$	前提引入
② $M(c) \wedge \neg W(c)$	①存在指定
③ $\neg\big(M(c) \to W(c)\big)$	②置换
④ $\neg\forall y\big(M(y) \to W(y)\big)$	③全称推广
⑤ $\exists x\big(F(x) \wedge S(x)\big) \to \forall y\big(M(y) \to W(y)\big)$	前提引入
⑥ $\neg\exists x\big(F(x) \wedge S(x)\big) \vee \forall y\big(M(y) \to W(y)\big)$	⑤ 置换
⑦ $\neg\exists x\big(F(x) \wedge S(x)\big)$	④、⑥析取三段论
⑧ $\forall x\big(\neg\big(F(x) \wedge S(x)\big)\big)$	⑦置换
⑨ $\neg\big(F(a) \wedge S(a)\big)$	⑧全称指定
⑩ $\neg F(a) \vee \neg S(a)$	⑨德•摩根律
⑪ $F(a) \to \neg S(a)$	⑩置换
⑫ $\forall x\big(F(x) \to \neg S(x)\big)$	⑪全称推广

【例 10】符号化下列命题，并推理其结论：任何喜欢步行的人，都不喜欢乘汽车，每个人或喜欢乘汽车或喜欢骑自行车。有的人不爱骑自行车，因而有的人不喜欢步行。

解：设论域为所有人，$P(x)$：x 喜欢步行，$C(x)$：x 喜欢乘汽车，$B(x)$：x 喜欢骑自行车。

前提：$\forall x\big(P(x) \to \neg C(x)\big)$，$\forall x\big(C(x) \vee B(x)\big)$，$\exists x \neg B(x)$

结论：$\exists x \neg P(x)$

证明：

① $\exists x \neg B(x)$	前提引入
② $\neg B(a)$	①存在指定
③ $\forall x\big(C(x) \vee B(x)\big)$	前提引入
④ $C(a) \vee B(a)$	③全称指定
⑤ $C(a)$	②、④析取三段论
⑥ $\forall x\big(P(x) \to \neg C(x)\big)$	前提引入
⑦ $P(a) \to \neg C(a)$	⑥全称指定
⑧ $\neg P(a) \vee C(a)$	⑦置换
⑨ $\neg P(a)$	⑤、⑧析取三段论
⑩ $\exists x \neg P(x)$	⑨存在推广

【基础知识试题】

一、填空题

1. 命题公式 $P \to (Q \lor P)$ 的真值是_____。

2. 设 p：小王走路；q：小王听音乐，则在命题逻辑中，命题"小王边走路边听音乐"的符号化形式为_____。

3. 设 P：他生病了，Q：他出差了。R：我同意他不参加学习。则命题"如果他生病或出差了，我就同意他不参加学习"符号化的结果为_____。

4. 设 $F(x)$：x 是鸟，$G(x)$：x 会飞翔。则命题"鸟会飞"符号化为_____。

二、选择题

1. 设 P：我将去市里，Q：我有时间。命题"我将去市里，仅当我有时间时"符号化为（　　）。

A. $Q \to P$　　　　B. $P \to Q$　　　　C. $P \leftrightarrow Q$　　　D. $\neg P \lor \neg Q$

2. 设命题公式 G：$\neg P \to (Q \land R)$，则使公式 G 取真值为 1 的 P, Q, R 赋值分别是（　　　）。

A. 0，0，0　　　　B. 0，0，1　　　C. 0，1，0　　　D. 1，0，0

3. 下列命题公式是等价公式的为（　　　）。

A. $\neg P \land \neg Q \Leftrightarrow P \lor Q$　　　　　B. $A \to (\neg B \to A) \Leftrightarrow \neg A \to (A \to B)$

C. $Q \to (P \lor Q) \Leftrightarrow \neg Q \land (P \lor Q)$　　　D. $\neg A \lor (A \land B) \Leftrightarrow B$

4. 下列公式（　　　）为重言式。

A. $\neg(\neg P \lor (P \land Q)) \leftrightarrow Q$　　　　B. $(B \to (A \lor B)) \leftrightarrow (\neg A \land (A \lor B))$

C. $(P \to (\neg Q \to P)) \leftrightarrow (\neg P \to (P \to Q))$　　D. $A \land \neg B \leftrightarrow A \lor B$

5. 设 $C(x)$：x 是国家级运动员，$G(x)$：x 是健壮的，则命题"没有一个国家级运动员不是健壮的"可符号化为（　　　）。

A. $\neg \forall x(C(x) \land \neg G(x))$　　　　　　B. $\neg \forall x(C(x) \to \neg G(x))$

C. $\neg \exists x(C(x) \to \neg G(x))$　　　　　　D. $\neg \exists x(C(x) \land \neg G(x))$

6. 表达式 $\forall x(P(x, y) \lor Q(z)) \land \exists y(R(x, y) \to \forall z Q(z))$ 中 $\forall x$ 的辖域是（　　　）。

A. $P(x, y)$　　　　　　　　B. $P(x, y) \lor Q(z)$

C. $R(x, y)$　　　　　　　　D. $P(x, y) \land R(x, y)$

三、公式翻译题

1. 请将语句"今天不是天晴"翻译成命题公式。

2. 请将语句"我去书店，仅当天不下雨"翻译成命题公式。

3. 请将语句"有人不去工作"翻译成谓词公式。

4. 请将语句"所有人都努力工作"翻译成谓词公式。

四、判断说明题

1. 命题公式 $\neg(Q \to P) \land P$ 为永假式。

2. 下面的推理是否正确，请给予说明。

（1）$\forall x A(x) \lor \exists x B(x)$　　　　　　　　　前提引入

（2）$A(y) \lor B(y)$　　　　　　　　　　　　　US（1）

五、证明题

1. 试证明 $(P \to (Q \lor \neg R)) \land \neg P \land Q$ 与 $\neg(P \lor \neg Q)$ 等值。

2. 试证明 $\forall xA(x)\lor\forall xB(x)\Rightarrow\forall x(A(x)\lor B(x))$。

【基础知识试题答案】

一、填空题

1. 1；2. $p\land q$；3. $(P\lor Q)\to R$；4. $(\forall x)(F(x)\to G(x))$。

二、选择题

1. C；2. D；3. D；4. C；5. D；6. B。

三、公式翻译题

1. 设 P：今天是天晴；命题公式为：$\neg P$。

2. 设 P：我去书店，Q：天不下雨，命题公式为：$P\to Q$。

3. 设 $P(x)$：x 是人，$Q(x)$：x 去工作，谓词公式为：$(\exists x)(P(x)\land\neg Q(x))$。

4. 设 $P(x)$：x 是人，$Q(x)$：x 努力工作，谓词公式为：$(\forall x)(P(x)\to Q(x))$。

四、判断说明题

1. 正确。

因为，由真值表（见表 7-13）

表 7-13

P	Q	$Q\to P$	$\neg(Q\to P)$	$\neg(Q\to P)\land P$
0	0	1	0	0
0	1	0	1	0
1	0	1	0	0
1	1	1	0	0

可知，该命题公式为永假式。

2. 错误。

推理过程应为：

（1）$\forall xA(x)\lor\exists xB(x)$ 前提引入

（2）$\forall xA(x)\lor\exists uB(u)$ $T(1)$（换名规则）

（3）$\forall x\exists u(A(x)\lor B(u))$ $T(2)$

（4）$\forall x(A(x)\lor B(y))$ $ES(3)$

（5）$A(y)\lor B(y)$ $US(4)$

五、证明题

1. 证：$(P\to(Q\lor\neg R))\land\neg P\land Q\Leftrightarrow(\neg P\lor(Q\lor\neg R))\land\neg P\land Q$

$\Leftrightarrow(\neg P\lor Q\lor\neg R)\land\neg P\land Q$

$\Leftrightarrow(\neg P\land\neg P\land Q)\lor(Q\land\neg P\land Q)\lor(\neg R\land\neg P\land Q)$

$\Leftrightarrow(\neg P\land Q)\lor(\neg P\land Q)\lor(\neg P\land Q\land\neg R)$

$\Leftrightarrow\neg P\land Q$ （吸收律）

$\Leftrightarrow\neg(P\lor\neg Q)$。 （摩根律）

2. 分析：前提：$\forall xA(x)\lor\forall xB(x)$。结论：$\forall x(A(x)\lor B(x))$

证：（1）$\forall xA(x)$ P

（2）$A(a)$ $US(1)$

（3）$\forall xB(x)$ P

（4）$B(a)$ $US(3)$

（5）$A(a) \vee B(a)$ $T(2),(4)$ I

（6）$\forall x(A(x) \vee B(x))$。 $UG(5)$

【能力提高试题】

1. 构造命题公式$(p \wedge q) \vee (\neg p \wedge \neg q)$的真值表。

2. 用等价演算法证明$p \leftrightarrow q \Leftrightarrow (p \wedge q) \vee (\neg p \wedge \neg q)$。

3. 分析事实："如果我有时间，那么我就去上街；如果我上街，那么我就去书店买书；但我没有去书店买书，所以我没有时间。"试指出这个推理前提和结论，并证明结论是前提的有效结论。

4. 在谓词逻辑中构造下列推理的证明：每个在学校读书的人都获得知识。所以如果没有人获得知识，就没有人在学校读书（个体域：所有人的集合）。

【能力提高试题答案】

1. 见表7-14。

表7-14

p	q	$p \wedge q$	$\neg p \wedge \neg q$	$(p \wedge q) \vee (\neg p \wedge \neg q)$
0	0	0	1	1
0	1	0	0	0
1	0	0	0	0
1	1	1	0	1

2. $p \leftrightarrow q \Leftrightarrow (p \rightarrow q) \wedge (q \rightarrow p) \Leftrightarrow (\neg p \vee q) \wedge (\neg q \vee p)$

$\Leftrightarrow (\neg p \wedge \neg q) \vee (\neg q \wedge q) \wedge (\neg q \wedge q) \vee (p \wedge q) \Leftrightarrow (\neg p \wedge \neg q) \vee (p \wedge q)$。

3. 前提：$p \rightarrow q$，$q \rightarrow r$，$\neg r$

结论：$\neg p$

证明：

（1）$q \rightarrow r$ 前提引入

（2）$\neg q \vee r$ 置换

（3）$\neg r$ 前提引入

（4）$\neg q$ （2）（3）析取三段论

（5）$p \rightarrow q$ 前提引入

（6）$\neg p \vee q$ 置换

（7）$\neg p$。   （4）（6）析取三段论

4. 设论域为所有人，$H(x)$：x是在学校读书的人，$M(x)$：x获得知识

前提：$\forall x(H(x) \rightarrow M(x))$，$\exists x \neg M(x)$

结论：$\exists x \neg H(x)$

证明:

（1）$\forall x(H(x) \to M(x))$ 前提引入

（2）$H(a) \to M(a)$ （1）全称指定

（3）$\neg H(a) \lor M(a)$ （2）置换

（4）$\exists x H(x)$ 前提引入

（5）$H(a)$ （4）存在指定

（6）$M(a)$ （3）（5）析取三段论

（7）$\exists x M(x)$。   （6）存在推广

第8章 图论初步

【基本知识导学】

一、图的基本概念

图：由点和点与点之间的线所组成的。点与点之间不带箭头的线叫边，带箭头的线叫弧。

无向图（简称图）：由点和边构成的图。记为 $G = (V, E)$。

有向图：由点和弧构成的图。记为 $D = (V, A)$。

环、多重边、简单图：两个端点重合的边叫环；两个端点之间有两条以上的边称为多重边；一个无环也无多重边的图叫做简单图。

度：以点 v 为端点的边的个数称为点 v 的度。度为 1 的点称为悬挂点；悬挂点的边称为悬挂边；度为奇数的点称为奇点；度为偶数的点称为偶点。

链、初等链、简单链：如果存在一个点、边的交错序列 $(v_{i1}, e_{i1}, v_{i2}, \cdots, v_{ik-1}, e_{ik-1}, v_{ik})$，其中 $v_{it}, (t = 1, 2, \cdots, k)$ 都是图 G 的点，$e_{it} = [v_{it}, v_{it+1}], t = 1, 2, \cdots, k-1$，称这条点、边的交错序列为连接 v_{i1} 和 v_{ik} 的一条链，记为 $(v_{i1}, v_{i2}, \cdots, v_{ik})$；特别地若 $v_{i1} = v_{ik}$，则称为一个圈。若链中的顶点都不相同，则称此链为初等链。若链中所含的边均不相同，而顶点允许相同，则称为简单链。

连通图：图 G 中任何两个顶点之间至少有一条链，则称 G 为连通图。

路、回路：如果 $(v_{i1}, v_{i2}, \cdots, v_{ik-1}, v_{ik})$ 是有向图 D 中的一条链，并且满足条件 (v_{it}, v_{it+1})，其中 $t = 1, \cdots, k-1$，那么称它为从 v_{i1} 到 v_{ik} 的一条路。如果路的第一个点和最后一个点相同，则称之为回路。

生成子图：给定一个图 $G = (V, E)$，V，E 的子集 V'，E' 构成的图 $G' = (V', E')$ 是图 G 的子图。记作 $G' \subseteq G$。若 $G' \subseteq G$ 且 $G' \neq G$（即 $V' \subset V$ 或 $E' \subset E$），称 G' 是 G 的真子图。若 $G' \subseteq G$ 且 $V' = V$，则称 G' 是 G 的生成子图。

同构：设 $G_1 = (V_1, E_1)$，$G_2 = (V_2, E_2)$ 为两个无向图。若存在双射函数 $f : V_1 \to V_2$，使得对于任意的 $e_1 = (v_i, v_j) \in E_1$，当且仅当 $e_2 = (f(v_i), f(v_j)) \in E_2$，且 e_1 与 e_2 的重数相同，则称 G_1 与 G_2 同构，记作 $G_1 \cong G_2$。

树、树叶：一个无圈的连通图称为树，记为 $T = (V, E)$。树中度数为 1 的点称为树的树叶。

生成树、最小生成树：如果一个图 G 的一个生成子图还是一个树，则称这个生成子图为生成树。在一个赋权的连通的无向图 G 中，所有边的权数之和为最小的生成树即为最小生成树。

根树、最小2元树：一个非平凡的有向树，如果有一个顶点的入度为 0，其余顶点的入度均为 1，则称此有向树为根树。所谓最优 2 元树就是在所有有 m 片树叶、带权分别为 $\omega_1, \omega_2, \cdots, \omega_m$ 的2元树中，权最小的2元树。

二、几个重要定理

1. 握手定理：在一个图 $G=(V,E)$ 中，全部点的度之和是边数的 2 倍。

2. 设图 $G=(V,E)$，顶点数 $|V|=n$，边数 $|E|=m$。则图 G 是一个树的充要条件是图 G 是连通图，并且 $m=n-1$。

3. 设图 $T=(V,E)$ 是一个树，$p(T) \geqslant 2$，那么树 T 至少有两片树叶。

三、最小生成树问题与破圈算法

树是图论中最重要的概念之一。所谓最小生成树问题就是在一个赋权的连通的无向图 G 中找到一个生成树，并使得这个生成树的所有边的权数之和为最小。

可以用破圈算法来求解最小生成树问题，算法步骤：

（1）在给定的赋权的连通图上任找一个圈；

（2）在所找的圈中去掉一条权最大的边（如果有两条或两条以上的边都是权数最大的边，则任意去掉其中的一条）；

（3）如果所剩下的图已经不含圈了，则计算结束，所余下的图即为最小生成树，否则返回步骤（1）。

四、最优 2 元树及 Huffman 算法

所谓最优 2 元树就是在所有有 m 片树叶、带权分别为 $\omega_1, \omega_2, \cdots, \omega_m$ 的 2 元树中，权最小的 2 元树。

Huffman 算法是寻求最优树的最简便的方法。

算法的具体步骤如下：

给定实数 $\omega_1, \omega_2, \cdots, \omega_m$，并且给出大小顺序 $\omega_1 \leqslant \omega_2 \leqslant \cdots \leqslant \omega_m$。

（1）连接权为 ω_1, ω_2 的两片树叶，得一分支点，其权为 $\omega_1+\omega_2$；

（2）在 $\omega_1+\omega_2, \omega_3, \cdots, \omega_m$ 中选出两个最小的权，连接它们对应的顶点（不一定是树叶），得到新的分支点及所带的权；

（3）重复（2），直到形成 $m-1$ 个分支点，m 片树叶为止。

五、最短路问题与 Dijkstra 算法

最短路问题是图论中十分重要的最优化问题之一。它经常被用于解决生产实际中诸如管线铺设、线路安排、工厂布局、设备更新等优化问题。

最短路问题的一般提法：给定一个赋权有向图 $D=(V,A)$，对于每一个弧 $a=(v_i, v_j)$，相应有一个权 ω_{ij}。v_s，v_t 是 D 中给定的始点与终点。设 P 是 D 中从 v_s 到 v_t 的任意一条路，定义路 P 权是 P 中所有弧的权值之和，记为 $\omega(P)$。最短路问题就是要在所有从 v_s 到 v_t 的路 P 中，寻找一个权值最小的路 P_0，使 $\omega(P_0)=\min\limits_{P} \omega(P)$。称 P_0 是从 v_s 到 v_t 的最短路。P_0 的权值 $\omega(P_0)$ 也称为从 v_s 到 v_t 的距离，记为 $d(v_s, v_t)$。

当 D 中所有的权 $\omega_{ij} \geqslant 0$ 时，可以用 Dijkstra 算法求解最短路问题。Dijkstra 算法不仅适用于赋权有向图 D，也适用于赋权无向图 G。

Dijkstra 算法的基本步骤：采用 T 标号和 P 标号两种标号，其中 T（Temporary）标号为临时标号，P（Permanent）标号为永久性标号。当给 v_i 点一个 P 标号时，表示从 v_s 到 v_i 点

的最短路的权值，而且 v_i 点的标号不再改变。当给 v_i 点一个 T 标号时，表示从 v_s 到 v_i 点的估计最短路权值的上界，是一种临时标号，在 D 中凡没有得到 P 标号的点都有 T 标号。算法每一步都把某一点的 T 标号改成 P 标号，当终点 v_t 也带上 P 标号时，全部计算结束。

【例题解析】

【例1】画出下列各图。

① $G_1 = (V_1, E_1)$，其中 $V_1 = \{a, b, c, d, e\}$，$E_1 = \{[a, b], [b, c], [c, d], [a, e]\}$；

② $D_2 = (V_2, A_2)$，其中 $V_2 = \{a, b, c, d, e\}$，$A_2 = \{(a, a), (a, b), (b, c), (e, c), (e, d)\}$；

③ $G_3 = (V_3, E_3)$，其中 $V_3 = \{a, b, c, d, e\}$，$E_3 = \{[a, b], [b, e], [c, d], [e, b], [a, e], [d, e]\}$；

④ $D_4 = (V_4, A_4)$，其中 $V_4 = \{a, b, c, d, e\}$，$A_4 = \{(a, b), (b, a), (b, c), (c, d), (d, e), (e, a)\}$。

解：见图 8-1。

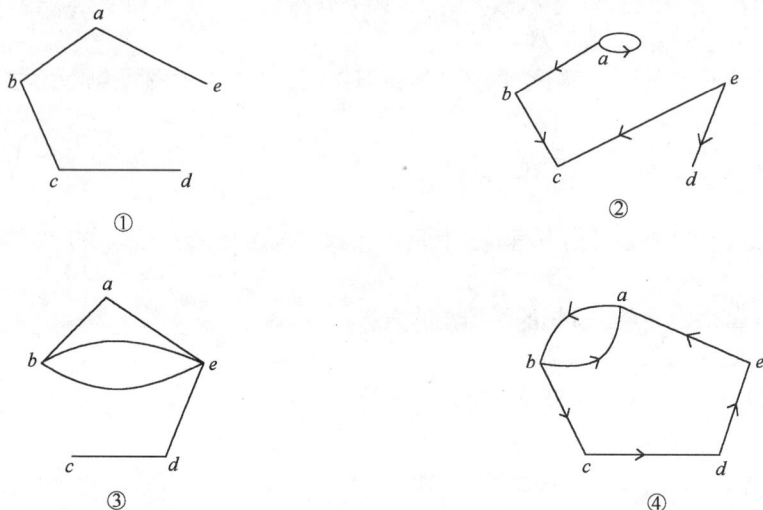

图 8-1

【例2】画出 4 阶 3 条边的所有非同构的无向简单图。

解：由同构定义容易看出，4 阶 3 条边的非同构简单无向图只有 3 个，如图 8-2 所示。

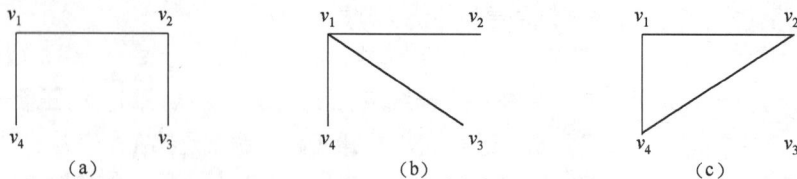

图 8-2

它们都是 K_4 的子图，度数列分别为：2，2，1，1；3，1，1，1；2，2，0，2。

【类题】画出 3 阶 2 条边所有非同构的有向简单图。

解：由有向简单图的定义，我们可以得到 4 个 3 阶 2 条边所有非同构的有向简单图，如图 8-3 所示。

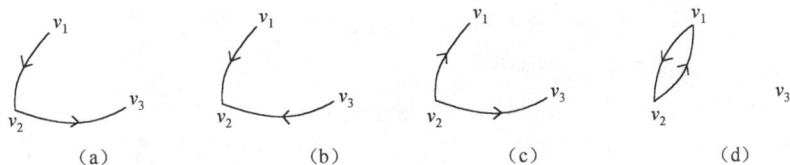

图 8-3

【例 3】给定下列 3 组数：

① 1，1，2，2，2；② 1，1，2，2，3；③ 2，3，3，4。

哪些能成为无向图的度数列？

解：此类题目的理论依据是握手定理及其推论。

①中有两个（偶数个）奇点，②中有三个（奇数个）奇点，③中有两个（偶数个）奇点，所以除了②不能构成无向图度数列外，其余的都能。如图 8-4 所示，两图即分别以①、③为度数列。

图 8-4

【类题】证明如下序列不可能是某个简单图的度数列：

（a）7，6，5，4，3，2；（b）6，6，5，4，3，2，1。

解：由握手定理推论，我们知度数为奇数的顶点的个数为偶数，而（a）中奇点 7、5、3 为奇数个，所以该序列不可能是图的度数列。同理，（b）中奇点 5、3、1，因而也不可能为图的度数列。

【例 4】已知一个无向图 G 中有 10 条边，两个 2 度顶点，两个 3 度顶点，1 个 4 度的顶点，其余顶点的度数都是 1，问 G 中有几个 1 度顶点？

解：无向图 G 中有 6 个 1 度顶点。分析如下：由握手定理可知，$\sum d(v_i) = 2m = 20$。于是

$$20 = 2 \times 2 + 2 \times 3 + 1 \times 4 + x \times 1，$$

解这个方程可得 $x = 6$，即 G 中有 6 个 1 度顶点。

【类题】设 G 为 9 阶无向图，G 的每个顶点的度数不是 5 就是 6。证明：G 中至少有 5 个 6 度顶点或至少有 6 个 5 度顶点。

证：用反证法。假设 G 中至多有 4 个 6 度顶点并且至多有 5 个 5 度顶点。由握手定理的推论可知，不可能有 5 个 5 度顶点，因而 G 中至多有 4 个 5 度顶点。于是 G 中至多有 $4+4=8$ 个顶点，这与 G 为 9 阶图矛盾。

【例 5】已知一棵无向树 T 中 4 度、3 度、2 度的分支点各 1 个，其余的分支点均为树叶，问 T 中有几片树叶？

解：设 T 中有 x 片树叶。则 T 的阶数 $n = 3 + x$，从而可知，$m = 2 + x$。由握手定理有

$$2m = 4 + 2x = 4 + 3 + 2 + x = 9 + x,$$

可解出 $x = 5$，即树 T 有 5 片树叶。

【例6】用破圈法在图 8-5（a）中求一个最小生成树。

解：用破圈法求解。任取一个圈，如 (v_1, v_2, v_3, v_1)，去掉这个圈中权最大的边 $[v_1, v_3]$。再取一个圈 (v_2, v_5, v_3, v_2)，去掉边 $[v_2, v_5]$。再取一个圈 (v_2, v_4, v_3, v_2)，去掉这个圈中权最大的边 $[v_2, v_4]$。再取一个圈 (v_3, v_4, v_5, v_3)，去掉边 $[v_3, v_5]$。这时得到一个不含圈的图，如图 8-5（b）所示，即为最小生成树。这个最小生成树的所有边的总权数为 $1 + 2 + 1 + 2 = 6$。

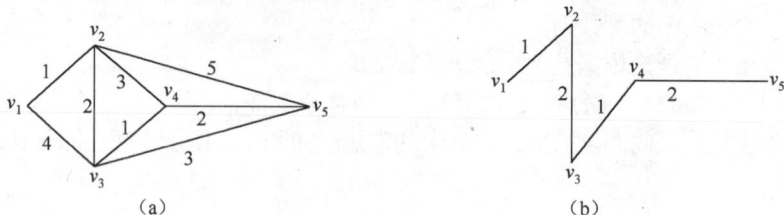

图 8-5

【类题】用破圈法求图 8-6（a）的最小生成树。

答案：用破圈法求解。任取一个圈，如 (v_1, v_2, v_3, v_1)，去掉这个圈中权最大的边 $[v_2, v_3]$。再取一个圈 $(v_1, v_2, v_4, v_5, v_3, v_1)$，去掉边 $[v_3, v_5]$。再取一个圈 $(v_2, v_4, v_6, v_8, v_2)$，去掉这个圈中权最大的边 $[v_2, v_8]$。再取一个圈 $(v_4, v_6, v_7, v_5, v_4)$，去掉边 $[v_7, v_5]$。依次进行破圈，最后剩下一个不含圈的图，如图 8-6（b）所示，即为最小生成树。这个最小生成树的所有边的总权数为 19。

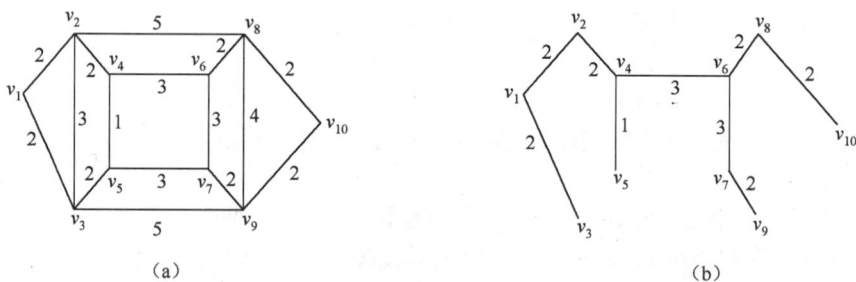

图 8-6

【例7】画一棵带权为 0.5，1，2，3.5，4，5，6.8，7.2，10 的最优 2 元树，并求出它的权。

解：利用 Huffman 算法，可得到最优树，如图 8-7 所示。它的权 $W(T) = 114.8$。

【例8】用 Dijkstra 算法求如图 8-8 所示从 v_1 到 v_8 的最短路。

解：$i = 0$：$S_0 = \{v_1\}$，$P(v_1) = 0$，$T(v_i) = +\infty$，$(i = 2, 3, \cdots, 9)$，$k = 1$；

转入（2）看 v_1：$P(v_1) + \omega_{12} = 6 < T(v_2) = +\infty$，故令 $T(v_2) = 6$，$\lambda(v_2) = 1$；

$$P(v_1) + \omega_{13} = 3 < T(v_3) = +\infty，故令 T(v_3) = 3，\lambda(v_3) = 1；$$

$$P(v_1) + \omega_{14} = 1 < T(v_4) = +\infty，故令 T(v_4) = 1，\lambda(v_4) = 1；$$

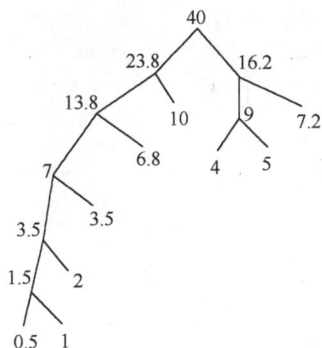

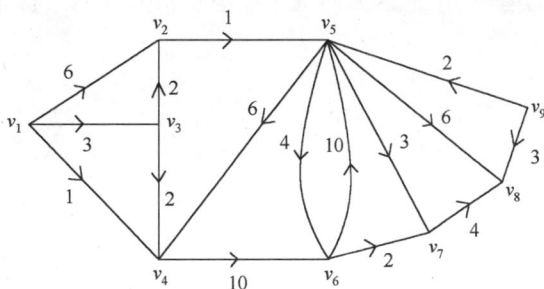

图 8-7　　　　　　　　　　　　　　　图 8-8

转入（3）在所有的 T 标号中，$T(v_4)=1$ 最小，于是，令 $P(v_4)=1$，$S_1=\{v_1,v_4\}$，$k=4$。

$i=1$：

转入（2）看 v_4：$P(v_4)+\omega_{46}=11<T(v_6)=+\infty$，故令 $T(v_6)=11$，$\lambda(v_6)=4$；

转入（3）在所有的 T 标号中，$T(v_3)=3$ 最小，于是，令 $P(v_3)=3$，$S_2=\{v_1,v_4,v_3\}$，$k=3$。

$i=2$：

转入（2）看 v_3：$P(v_3)+\omega_{32}=5<T(v_2)=6$，故令 $T(v_2)=5$，$\lambda(v_2)=3$；

转入（3）在所有的 T 标号中，$T(v_2)=5$ 最小，于是，令 $P(v_2)=5$，$S_3=\{v_1,v_4,v_3,v_2\}$，$k=2$。

$i=3$：

转入（2）看 v_2：$P(v_2)+\omega_{25}=6<T(v_5)=+\infty$，故令 $T(v_5)=6$，$\lambda(v_5)=2$；

转入（3）在所有的 T 标号中，$T(v_5)=6$ 最小，于是，令 $P(v_5)=6$，$S_4=\{v_1,v_4,v_3,v_2,v_5\}$，$k=5$。

$i=4$：

转入（2）看 v_5：$P(v_5)+\omega_{56}=10<T(v_6)=11$，故令 $T(v_6)=10$，$\lambda(v_6)=5$；

$\qquad P(v_5)+\omega_{57}=9<T(v_7)=+\infty$，故令 $T(v_7)=9$，$\lambda(v_7)=5$；

$\qquad P(v_5)+\omega_{58}=12<T(v_8)=+\infty$，故令 $T(v_8)=12$，$\lambda(v_8)=5$；

转入（3）在所有的 T 标号中，$T(v_7)=9$ 最小，故令 $P(v_7)=9$，$S_5=\{v_1,v_4,v_3,v_2,v_5,v_7\}$，$k=7$。

$i=5$：

转入（2）看 v_7：$P(v_7)+\omega_{78}=13>T(v_8)=12$，故 $T(v_8)=12$ 不变；

转入（3）在所有的 T 标号中，$T(v_6)=10$ 最小，故令 $P(v_6)=10$，$S_6=\{v_1,v_4,v_3,v_2,v_5,v_7,v_6\}$，$k=6$。

$i=6$：

转入（2）看 v_6，从 v_6 出发没有弧指向不属于 S_6 的点，因此转入（3）；

转入（3）在所有的 T 标号中，$T(v_8)=12$ 最小，令 $P(v_8)=12$，$S_6=\{v_1,v_4,v_3,v_2,v_5,v_7,v_6,v_8\}$，$k=8$。

$i=7$：

转入（3）这时，仅有 T 标号的点为 v_9，$T(v_9)=+\infty$，算法结束。

所以，知从 v_1 到 v_8 的最短路距离为 12，[即 $P(v_8)=12$]；

由 λ 值反推，可得出从 v_1 到 v_8 的最短路为 $v_1 \to v_3 \to v_2 \to v_5 \to v_8$。

【类题】用 Dijkstra 算法求如图 8-9 所示从 v_1 到 v_7 的最短路。

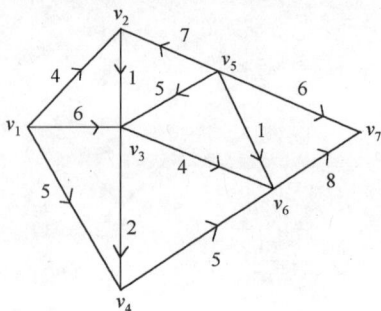

图 8-9

答案：从 v_1 到 v_7 的最短距离为 17。

最短路为 $v_1 \to v_2 \to v_3 \to v_6 \to v_7$。

【基础知识试题】

一、填空题

1. 树就是一个_____的连通图。

2. 在任意一个图 G 中，奇点的个数为_____个。

3. 设无向图 G 中有 12 条边，已知 G 中 3 度顶点有 6 个，其余顶点的度数均小于 3，则 G 中至少_____个顶点。

4. 无向树 T 中有 7 片树叶，3 个 3 度顶点，其余都是 4 度顶点，问 T 中有_____个 4 度顶点。

5. Dijkstra 算法适用于每条弧的赋权数 ω_{ij} _____0 的情况。

二、选择题

1. 完全图 K_n 有（　　）条边。

A. n　　　　　B. $\dfrac{n(n+1)}{2}$　　　　　C. $\dfrac{n(n-1)}{2}$　　　　　D. $2n$

2. 在图 G 中任意两点之间至少有一条链，那么称图 G 是（　　）。

A. 连通图　　　　B. 树　　　　　C. 简单图　　　　D. 基础图

3. 设图 G 中有 14 条边，每个顶点的度数都是 4，那么图 G 有（　　）个顶点。

A. 28　　　　　B. 8　　　　　C. 6　　　　　D. 7

4. 一棵无向树 T 中有两个 4 度顶点，三个 3 度顶点，其余的都是树叶，那么树 T 中有（　　）片树叶。

A. 8　　　　　B. 1　　　　　C. 12　　　　　D. 9

5. 3 阶非同构的无向树有（　　）棵。

A. 1　　　　　B. 2　　　　　C. 3　　　　　D. 4

三、求下列带权图中的最小生成树，并计算它的权（见图 8-10）

1.

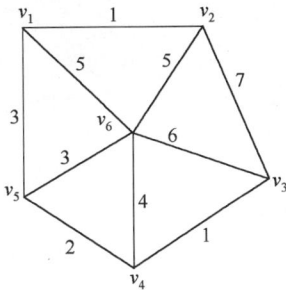

2.

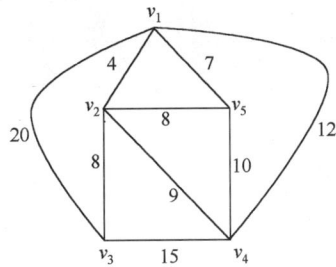

图 8-10

四、应用题

1. 设在通信传输过程中，如下 7 个字母出现的频率为：

$a:35\%$ $b:20\%$ $c:15\%$ $d:10\%$ $e:10\%$ $f:5\%$ $g:5\%$，

以频率（或乘 100）为权，求最优 2 元树。

2. 已知有九个城市 v_1, v_2, v_3, $\cdots$, v_9，其公路网如图 8-11 所示，弧旁数字是该公路的长度，有一批货物从 v_1 走到 v_9，问走哪条路最短。

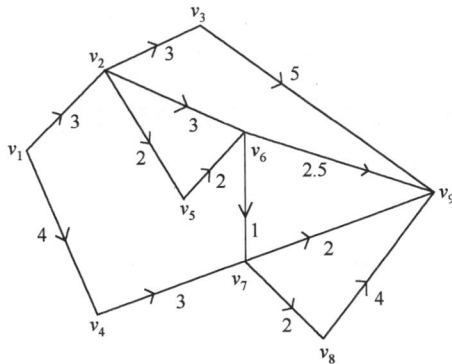

图 8-11

【基础知识试题答案】

一、填空题

1. 无圈；2. 偶数；3. 9；4. 1；5. ≥。

二、选择题

1. C；2. A；3. D；4. D；5. A。

三、求下列带权图中的最小生成树，并计算它的权

1. 最小生成树 T 的权 $\omega(T)=10$；2. 最小生成树 T 的权 $\omega(T)=28$。

四、应用题

1. 以频率乘 100 所得权从小到大排列为 5，5，10，10，15，20，35；画出最优树见图 8-12；

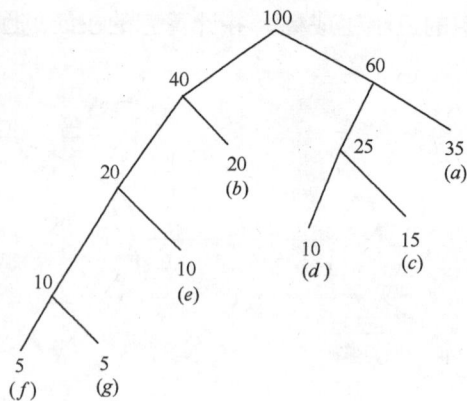

图 8-12

2. 从 v_1 走 v_9 的最短路为 (v_1, v_2, v_6, v_9)，距离 8.5。

【能力提高试题】

1. 一棵无向树 T 中有 n_i 个顶点的度数为 i，$i = 2, 3, \cdots, k$，而其余顶点都是树叶，问 T 中有几片树叶？

2. 已知世界六大城市：(P_e)、(N)、(P_a)、(L)、(T)、(M)，在表 8-1 中交通网络的数据中确定最小数。

表 8-1

	P_e	T	P_a	M	N	L
P_e	×	13	51	77	68	50
T	13	×	60	70	67	59
P_a	51	60	×	57	36	2
M	77	70	57	×	20	55
N	68	67	36	20	×	34
L	50	59	2	55	34	×

3. 某一配送中心要给一个快餐店送快餐原料，应按照什么路线送货才能使送货时间最短。如图 8-13 所示为配送中心到快餐店的交通图，图中 $v_1, v_2, v_3, \cdots, v_7$ 表示 7 个地名，其中 v_1 表示配送中心，v_7 表示快餐店，点之间的连线（边）表示两地之间的道路，边所赋的权数表示开车送原料通过这段道路所需要的时间（单位：min）。

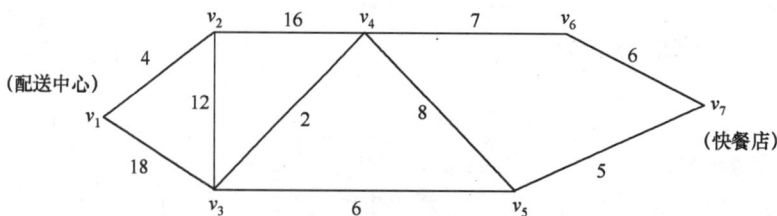

图 8-13

4. 某公司有一台已使用一年的生产设备，每年年底，公司就要考虑下一年度是购买新设备还是继续使用这台旧设备。若购买新设备，就要支出一笔购置费；若继续使用旧设备，则要支付维修费用，而且随着使用年限的延长而增加。已知这种设备每年年底的购置价格见表 8-2，而第一年开始时使用的有一年役龄的老设备其净值为 8；还已知使用不同年限的设备所需要的维修费见表 8-3。现在需要我们制订一个五年之内的设备使用和更新计划，使得五年内设备的购置费和维修费的总支出最小。

表 8-2

年份	2	3	4	5
年初价格	11	12	12	13

表 8-3

使用年数	0~1	1~2	2~3	3~4	4~5	5~6
每年维修费用	2	3	5	8	12	18

【能力提高试题答案】

1. 设 T 中有 x 片树叶，则 T 中顶点数 $n = \sum_{i=2}^{k} n_i + x$，边数为 $m = n-1 = \sum_{i=2}^{k} n_i + x - 1$。由握手定理知：$\sum_{i=1}^{n} d(v_i) = 2m$；即 $\sum_{i=2}^{k} in_i + x = 2\sum_{i=2}^{k} n_i + 2x - 2$，解得：$x = \sum_{i=3}^{k} (i-2)n_i + 2$。

2. 解：将表 8-1 用图形的形式画出来，如图 8-14 所示。

图 8-14 中连线上的赋权见表 8-1。利用破圈法（过程省略），可以得到最小树，如图 8-15 所示。

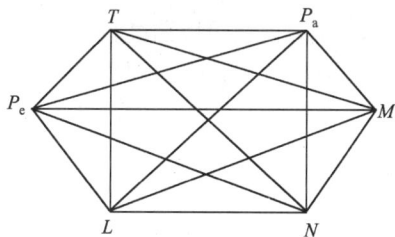

图 8-14

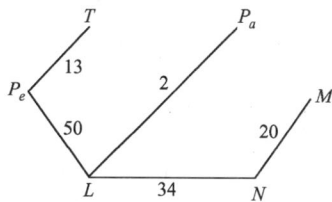

图 8-15

3. 解：$i = 0$：$S_0 = \{v_1\}$，$P(v_1) = 0$，$T(v_i) = +\infty$，$(i = 2, 3, \cdots, 7)$，$k = 1$。

转入（2）看 v_1：$P(v_1) + \omega_{12} = 4 < T(v_2) = +\infty$，故令 $T(v_2) = 4$，$\lambda(v_2) = 1$；

$P(v_1) + \omega_{13} = 18 < T(v_3) = +\infty$，故令 $T(v_3) = 18$，$\lambda(v_3) = 1$；

转入（3）在所有的 T 标号中，$T(v_2) = 4$ 最小，于是，令 $P(v_2) = 4$，$S_1 = \{v_1, v_2\}$，$k = 2$。

$i = 1$：

转入（2）看 v_2：$P(v_2) + \omega_{23} = 16 < T(v_3) = 18$，故令 $T(v_3) = 16$，$\lambda(v_3) = 2$；

$P(v_2) + \omega_{24} = 20 < T(v_4) = +\infty$，故令 $T(v_4) = 20$，$\lambda(v_4) = 2$；

转入（3）在所有的 T 标号中，$T(v_3) = 16$ 最小，于是，令 $P(v_3) = 16$，$S_2 = \{v_1, v_2, v_3\}$，$k = 3$。

$i = 2$：

转入（2）看 v_3：$P(v_3) + \omega_{34} = 18 < T(v_4) = 20$，故令 $T(v_4) = 18$，$\lambda(v_4) = 3$；

$P(v_3) + \omega_{35} = 22 < T(v_5) = +\infty$ ，故令 $T(v_5) = 22$ ， $\lambda(v_5) = 3$ ；

转入（3）在所有的 T 标号中， $T(v_4) = 18$ 最小，于是，令 $P(v_4) = 18$ ， $S_3 = \{v_1, v_2, v_3, v_4\}$ ， $k = 4$ 。

$i = 3$ ：

转入（2）看 v_4 ： $P(v_4) + \omega_{45} = 26 > T(v_5) = 22$ ，故 $T(v_5) = 22$ 不变；

$P(v_4) + \omega_{46} = 25 > T(v_6) = +\infty$ ，故令 $T(v_6) = 25$ ， $\lambda(v_6) = 4$ ；

转入（3）在所有的 T 标号中， $T(v_5) = 22$ 最小，于是，令 $P(v_5) = 22$ ， $S_4 = \{v_1, v_2, v_3, v_4, v_5\}$ ， $k = 5$ 。

$i = 4$ ：

转入（2）看 v_5 ： $P(v_5) + \omega_{57} = 27 < T(v_7) = +\infty$ ，故令 $T(v_7) = 27$ ， $\lambda(v_7) = 5$ ；

转入（3）在所有的 T 标号中， $T(v_6) = 25$ 最小，故令 $P(v_6) = 25$ ， $S_5 = \{v_1, v_2, v_3, v_4, v_5, v_6\}$ ， $k = 6$ 。

$i = 5$ ：

转入（2）看 v_6 ： $P(v_6) + \omega_{67} = 31 > T(v_7) = 27$ ，故 $T(v_7) = 27$ 不变；

转入（3）图中只有一个带 T 标号的点，即 $T(v_7) = 27$ ，令 $P(v_7) = 27$ ， $S_6 = \{v_1, v_2, v_3, v_4, v_5, v_6, v_7\}$ ， $k = 7$ 。

$i = 6$ ：这时， $S_5 = V$ ，算法结束。

所以，知从配送中心 v_1 到快餐店 v_7 的所需最短时间为 27 分钟，[即 $P(v_7) = 27$]；

由 λ 值反推，可得出从 v_1 到 v_7 的最短路为 $v_1 \to v_2 \to v_3 \to v_5 \to v_7$ 。

4．解：用点 v_i 表示"某 i 年初购置一台新设备的情况"。弧 (v_i, v_j) 表示在第 i 年年初购置的设备一直使用到某 j 年年初，即第 $j-1$ 年年底。每条弧带的权可以通过题中给出的表 8-2、表 8-3 已给的数据计算出来。例如， ω_{25} 是第二年年初购置一台新设备的费用 11，加上一直使用到第五年年初的维修费 $2+3+5 = 10$ ，共计 21。可得到最短路数学模型：

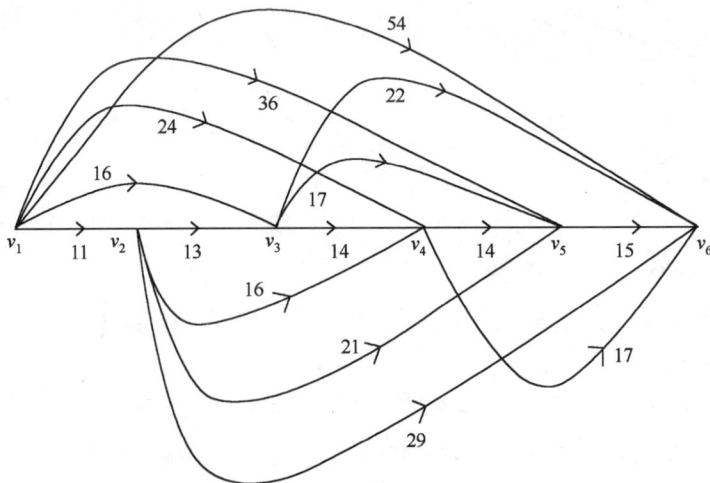

图 8-16

用 Dijkstra 算法计算后（计算过程略），可得到最短路为 (v_1, v_3, v_6) ，即老设备使用 2 年后，在第三年年初更新设备一直使用到第五年年底，此时费用最省，为 38。

参 考 文 献

[1] 邢春峰，李平. 应用数学基础. 北京：高等教育出版社，2008.

[2] 车燕，戈西元，邢春峰. 应用数学与计算（修订版）. 北京：电子工业出版社，2000.

[3] 王信峰，车燕，戈西元. 大学数学简明教程. 北京：高等教育出版社，2001.

[4] 同济大学应用数学系. 高等数学（本科少学时类型）. 北京：高等教育出版社，2001.

[5] 李心灿. 高等数学应用 205 例. 北京：高等教育出版社，1997.

[6] 常柏林，李效羽，卢静芳，钱能生. 概率论与数理统计（第二版）. 北京：高等教育出版社，2001.

[7] 季夜眉，吴大贤，等. 概率与数理统计. 北京：电子工业出版社，2001.

[8] 同济大学，天津大学. 高等数学训练教程. 北京：高等教育出版社，2003.

[9] 龚芳. 高等数学导教、导学、导考. 陕西：西北工业大学出版社，2004.